Kazibwe Francis

A ecologia das espécies de Biomphalaria e o seu papel na transmissão

Kazibwe Francis

A ecologia das espécies de Biomphalaria e o seu papel na transmissão

ScienciaScripts

This book is a translation from the original published under ISBN 978-3-659-82846-1.

Publisher:
Sciencia Scripts
is a trademark of
Dodo Books Indian Ocean Ltd. and OmniScriptum S.R.L publishing group

120 High Road, East Finchley, London, N2 9ED, United Kingdom
Str. Armeneasca 28/1, office 1, Chisinau MD-2012, Republic of Moldova, Europe
Printed at: see last page
ISBN: 978-620-7-62638-0

Conteúdo

PREFÁCIO

A ecologia das espécies de Biomphalaria e o seu papel na transmissão do *Schistosoma mansoni* no Lago Albert, no oeste do Uganda, foram investigados durante um período de três anos, de 2000 a 2003.

As investigações foram instituídas para elucidar a ecologia dos hospedeiros intermediários e os seus padrões de transmissão da doença, a fim de delinear a melhor estratégia de intervenção para a esquistossomose no Lago Albert. *A Biomphalaria sudanica* e *a Biomphalaria stanleyi* foram identificadas como os principais hospedeiros intermediários da *S. mansoni* no Lago Albert.

As duas espécies eram simpátricas, mas ocorriam em habitats diferentes, no interior ou ao longo das margens do lago. *A B. sudanica* era normalmente encontrada ao longo das margens do lago, em águas pouco profundas, protegidas da ação do vento por uma densa vegetação de juncos e juncais. *A B. stanleyi* estava confinada a águas mais profundas e abertas, onde se encontravam leitos de Vallisneria e Ceratophyllum.

Foi recolhido um total de 21.715 caracóis *B. stanleyi* durante todo o período de estudo e, destes, 949 (4,4%) estavam infectados com cercárias humanas e 776 (3,6%) estavam infectados com cercárias não humanas. Por outro lado, foi recolhido um total de 8.455 caracóis *B. sudanica* durante o mesmo período. Destes caracóis, 297 (3,5%) estavam também infectados com cercárias humanas e 426 (5,0%) estavam infectados com cercárias não humanas. A categoria de tamanho dos caracóis grandes foi responsável pelas maiores recolhas entre as duas espécies. A mesma categoria de tamanho também foi responsável pelas infecções mais elevadas com cercárias humanas em ambas as espécies. Entre as quatro aldeias que constituem a área de estudo, a aldeia de Piida foi a que registou o maior número de caracóis infectados com cercárias humanas e não humanas para ambas as espécies.

Os resultados para 2000 sugerem que *a B. stanleyi* foi de longe a mais importante na transmissão da Schistosomíase, tal como também os resultados no início de 2001. No entanto, o reaparecimento em 2001 e 2002 de populações substanciais de *B. sudanica*, incluindo caracóis infectados com *S. mansoni*, sugere que esta espécie também desempenhou um papel significativo na transmissão do parasita. Variações possivelmente cíclicas, mas não estritamente sazonais, nas suas densidades populacionais determinaram a importância relativa das duas espécies, juntamente com a sua localização e o grau de contacto humano com a água nos seus habitats preferidos. Testes laboratoriais sobre a suscetibilidade relativa dos caracóis mostraram que, embora a *B. stanleyi* fosse mais suscetível à estirpe local do parasita, *a B. sudanica* era também razoavelmente suscetível. As curvas de crescimento mostraram que os caracóis no ambiente natural tinham um incremento semanal do diâmetro da concha significativamente mais rápido e constante do que os caracóis no laboratório, para ambas as espécies. As taxas de sobrevivência e de fecundidade também foram significativamente mais elevadas no ambiente natural do que no laboratório. Uma análise de regressão multivariada das contagens médias transformadas log 10 de *B. stanleyi* mostrou que os principais factores determinantes da sua distribuição foram o nível do lago, a temperatura máxima do ar, a condutividade da água e a circulação de oxigénio, respetivamente. Para *B. sudanica*, os principais factores determinantes da sua distribuição foram a temperatura da água, a circulação de oxigénio e a temperatura máxima do ar e a condutividade da água, respetivamente.

CAPÍTULO 1

Introdução geral Antecedentes

Os hospedeiros intermediários da esquistossomose pertencem à família Planorbidae e aos géneros Biomphalaria e Bulinus. Os dois géneros estão associados a habitats de água doce grandes e pequenos nas regiões tropicais. A maior parte das espécies de caracóis pertencentes aos géneros acima referidos vivem em águas pouco profundas, à exceção de algumas espécies que se sabe viverem em águas profundas ou que são conhecidas por serem anfíbias. Os caracóis encontram-se normalmente agarrados a vegetação submersa ou flutuante, a detritos orgânicos e mesmo a rochas.

A vegetação submersa ou flutuante fornece substratos para a postura dos ovos dos caracóis e constitui uma fonte de alimento, especialmente as algas que se encontram nas folhas e caules destas plantas. As mesmas plantas protegem os caracóis contra os predadores, as fortes correntes de água e os ventos e oferecem refúgios alternativos durante os períodos de seca.

Os caracóis pulmonados vivem em habitats muito instáveis e são, na maioria dos casos, afectados por variações na precipitação, temperaturas e níveis de água. Sabe-se que eles se alimentam principalmente de detritos finos, algas epífitas e macrófitas em decomposição (Madsen, 1992). Durante condições climatéricas extremas, alguns caracóis podem estivar até que as condições normalizem. A estivação é conseguida à volta das raízes das plantas ou enterrando-se em lama macia. Outros caracóis podem também selar as aberturas da concha com muitas camadas de muco coagulado.

Sabe-se que os caracóis pulmonados se reproduzem de forma muito prolífica, repovoando assim os locais de transmissão num espaço de tempo muito curto, quando as condições voltam à normalidade após condições climatéricas extremas. As suas enormes capacidades reprodutivas são, de certo modo, um fenómeno natural para assegurar a sobrevivência da espécie. Os caracóis operculados, por outro lado, são conhecidos por viverem em habitats mais estáveis e por se reproduzirem a um ritmo constante. Por conseguinte, demoram mais tempo a repovoar os seus habitats.

Os projectos de desenvolvimento hídrico, especialmente para fins agrícolas e para a produção de eletricidade, têm sido acusados de criar novos habitats para os caracóis e, consequentemente, de introduzir a esquistossomose em áreas onde esta não existia anteriormente. Os exemplos mais conhecidos de tais projectos incluem a barragem alta de Aswan no Egipto, o lago Volta no Gana, o sistema de irrigação de Gezira no Sudão, o lago Kariba no Zimbabwe e a barragem de Diama no rio Senegal.

Os requisitos ambientais óptimos para que os hospedeiros intermediários se desenvolvam bem em qualquer habitat são intervalos de temperatura de 20°C a 30°C. As temperaturas mais altas normalmente limitam o estabelecimento destes caracóis (Miller, 1981). Os caracóis também vivem em habitats com um certo grau de turvação, o que normalmente é bom para eles, na medida em que agita os nutrientes para as suas necessidades alimentares. As massas de água estagnadas ou de movimento lento, cujo valor de pH varia entre 6-9, constituem habitats adequados para os caracóis. Os habitats de água abaixo desta gama de pH tornam-se demasiado ácidos e serão desfavoráveis para a sobrevivência dos caracóis e dos miracídios (Miller, 1981).

Além disso, os caracóis preferem habitats ricos em matéria orgânica com vegetação submersa ou flutuante. Os caracóis anfíbios do género Oncomelania, os hospedeiros intermediários de *S. japonicum, preferem* habitats com solos húmidos à volta da linha de água ou em terrenos de pastagem pantanosos e valas.

Os caracóis de água doce colonizam rapidamente massas de água permanentes ou temporárias, especialmente aquelas que estão altamente poluídas com excrementos humanos e que estão estagnadas ou que se movem lentamente. Outros habitats dos caracóis incluem riachos, rios e canais, lagos e lagoas, pântanos, valas e canais de irrigação.

Espécies de Biomphalaria e Bulinus como hospedeiros intermediários da esquistossomose

O género Biomphalaria contém os hospedeiros intermediários mais conhecidos de um trematódeo digenético, o *S. mansoni*, que se sabe infetar cerca de 83 milhões de pessoas nos países tropicais (Crompton, 1999). Outro trematódeo digenético, *Schistosoma haematobium*, é hospedado por membros do género Bulinus e infecta também um número ainda maior de pessoas nos trópicos.

O género Biomphalaria tem agora 34 espécies descritas, das quais 18 foram consideradas susceptíveis ao parasita, enquanto 9 se revelaram refractárias ao parasita. O estatuto de suscetibilidade de outras 7 espécies ainda não foi estabelecido (Malek, 1985; Brown, 1994).

As espécies mais susceptíveis ao *S mansoni* incluem *Biomphalaria glabrata* nas ilhas das Caraíbas, *B. pfeifferi, B. alexandrina e B. sudanica* em África, Madagáscar e no Médio Oriente. Outras espécies de Biomphalaria, nomeadamente *B. choanomphala, B. camerunensis, B. stanleyi, B. straminea e B. tenagophila,* desempenham papéis importantes na transmissão do parasita nos seus focos restritos (Paraense e Correa, 1987,1989; Greer et al., 1990; Brown, 1994). Hong Kong assistiu à introdução mais recente de uma nova espécie de caracol suscetível, *B. straminea,* proveniente da América do Sul (Meier-Brook, 1974).

Pensa-se que a origem real do género Biomphalaria seja a América do Sul (Woodruff e Mulvey, 1997), embora outros autores defendam que é originário de Gondwanaland há cerca de 100 milhões de anos (Pilsbry, 1911; Davis, 1980, 1992). O sucesso da sua colonização dos trópicos tem sido atribuído ao facto de ser hermafrodita e capaz de auto-fertilização (Campbell et al., 2000) com um potencial reprodutivo muito elevado. As condições ambientais óptimas para a sua proliferação são melhores nas regiões tropicais do que em qualquer outra parte do mundo.

O género Biomphalaria está amplamente distribuído em África a sul do Sara, bem como no Egipto, Líbia, Israel e algumas partes da Península Arábica. Embora o género se estenda até aos Estados Unidos da América e à América Central, as espécies susceptíveis ao *S. mansoni* só se encontram em algumas ilhas das Caraíbas, na Venezuela, no Suriname, na Guiana Francesa e no Brasil, para além de África.

As espécies africanas de Biomphalaria pertencem a quatro grupos principais, nomeadamente pfeifferi, choanomphala, alexandrina e sudanica (Mandahl-Barth, 1978). O grupo pfeifferi está amplamente distribuído em África a sul do Sara, enquanto o grupo choanomphala está restrito aos grandes lagos da África central, incluindo os Camarões e o Chade. As espécies incluídas no grupo choanomphala são *B. choanomphala choanomphala, B. choanomphala elegans, B. stanleyi e B. smithi.*

O grupo alexandrina encontra-se principalmente no Egipto, Líbia, Israel e norte do Sudão. O grupo inclui espécies como *B. alexandrina alexandrina, B. angulosa e B. alexandrina mansoni* (Teesdale, 1982).

O grupo sudanica está principalmente confinado a uma faixa ao longo da África tropical. Inclui as seguintes espécies: *B. sudanica sudanica, B. sudanica tanganyicensis, B. camerunensis camerunensis e B. camerunensis manzadica.*

Na região americana, cerca de 15 espécies de Biomphalaria foram descritas até agora (Barbosa, 1968, OPAS, 1968). Destas espécies, apenas três foram encontradas naturalmente infectadas com *S. mansoni* e estas incluem *B. glabrata, B. tenagophila e B. straminea. A Biomphalaria glabrata* é uma espécie altamente suscetível ao *S. mansoni* nas Américas e está amplamente distribuída (Brundy, 1984).

Biomphalaria straminea é a espécie mais amplamente distribuída na região americana (Olivier e Barbosa, 1955b; Barbosa, 1987) e é bastante suscetível ao *S. mansoni* (Woodruff et al., 1985). Ela é inteiramente responsável pela alta prevalência da doença no leste do Brasil (Barbosa et al., 1954; Barbosa e Olivier, 1958; Lucena, 1963; Barbosa, 1987).

O ciclo de vida das espécies de Biomphalaria é bastante simples. Trata-se de ovos que são depositados em massas de ovos fixadas na vegetação aquática e noutros detritos. Cada massa de ovos pode conter cerca de 30 ovos. A eclosão ocorre entre 5 a 10 dias, dependendo das temperaturas, e o diâmetro da concha dos recém-nascidos é, em média, de 0,5 a 1 mm. O tempo de vida dos caracóis Biomphalaria é ligeiramente superior a um ano em condições de campo (Jobin, 1970; Sturrock e Sturrock, 1970; Freitas et al., 1975).

O género Bulinus contém espécies que são hospedeiras intermédias de S. *haematobium*. O género está classificado em quatro grupos principais, nomeadamente africanus, forskalii, tropicus e truncatus (Mandahl-Barth, 1958). Até agora, foram descritas mais de 40 espécies deste género (Brown, 1980). A maior parte das espécies que transmitem S. *haematobium* pertencem ao grupo africanus e encontram-se principalmente em África, a sul do Sara.

Os membros do género Bulinus podem viver numa variedade de habitats, incluindo charcos sazonais de água da chuva, grandes lagoas permanentes, lagos e rios. Para além de transmitir S. *haematobium,* o género também contém uma espécie, *B. forskalii,* que transmite *Schistosoma intercalatum*. Esta espécie está amplamente distribuída na África subsariana. Foi encontrada naturalmente infetada com S. *intercalatum* (Wright et al., 1972). Também foi encontrada com infecções naturais de um Schistosoma animal, S. *bovis* (Southgate e Knowles, 1975). Uma estirpe de laboratório deste caracol foi considerada suscetível a um híbrido de S. *haematobium* e S. *intercalatum* (Southgate et al., 1976). O ciclo de vida dos caracóis bulinídeos também é simples e envolve a postura de ovos em massas de ovos alongadas, normalmente enroladas em talos de plantas aquáticas. A eclosão dos ovos leva de 5 a 10 dias, dependendo das temperaturas. O tempo de vida dos caracóis Bulinus é de cerca de um ano em condições de campo.

A esquistossomose em geral é uma doença causada por uma infeção por um verme sanguíneo do género Schistosoma. O relatório global da Organização Mundial de Saúde sobre a distribuição e a presença da esquistossomose (OMS, 1985) afirma que 260 milhões de pessoas em países tropicais e subtropicais do mundo estavam infectadas com a doença e que outros 600 milhões de pessoas estavam expostas ao risco de serem infectadas. Num outro relatório (OMS, 1993), foi salientado o facto de milhões de indivíduos em países tropicais sofrerem de lesões crónicas graves produzidas pelos Schistosomas.

A maioria das pessoas infectadas encontra-se em África, enquanto as restantes se encontram no Extremo Oriente, na América do Sul, no Médio Oriente e nas ilhas das Caraíbas (Chitsulo et al., 2000). As infecções com esquistossomose resultam da poluição da água doce com urina e fezes de pessoas infectadas quando estas contaminam habitats que albergam hospedeiros intermediários adequados. A esquistossomose está associada a comportamentos de contacto humano com a água relacionados com o desenvolvimento agrícola, práticas culturais e actividades de lazer.

A doença tornou-se cada vez mais sinónimo de subdesenvolvimento, que é sobretudo apanágio dos pobres marginalizados da população dos países endémicos. Para além do homem, a doença afecta uma série de animais domésticos e selvagens (Le Roux, 1957; Pitchford, 1961). A esquistossomose tornou-se um grande problema ambiental entre as populações endémicas, uma vez que provoca uma série de disfunções no organismo.

Entre estas, contam-se a desnutrição proteico-energética, o crescimento atrofiado, a anemia, a diminuição da educação através de lesões cerebrais e da frequência escolar, a redução da qualidade de vida, a redução da produtividade do trabalho e a morte (Kirigia et al., 2000). Até há pouco tempo, o elevado custo dos medicamentos teve um efeito adverso no controlo da doença através da quimioterapia. Muitos países endémicos decidiram não se aventurar no controlo, uma vez que isso implicaria despesas elevadas para os seus orçamentos nacionais, já de si limitados.

História de vida dos Schistosomas no hospedeiro vertebrado

A reprodução sexual dos Esquistossomas (Figura 1.1) tem lugar nos hospedeiros definitivos quando as cercárias de natação livre penetram com sucesso na pele através da utilização das glândulas de penetração (Haas e Schmidt, 1982). No processo de penetração na pele, as cercárias libertam as suas caudas no ponto de entrada e transformam-se imediatamente em Schistosomula no interior da pele (Stirewalt, 1974, Mclaren, 1980, Cousin et al., 1981).

Os Schistosomula acabam por entrar no sistema sanguíneo, que os transporta para o coração, pulmões e fígado (Wilson e Lawson, 1980). Uma vez no fígado, alojam-se nos distribuidores portais hepáticos mais pequenos (Wheater e Wilson, 1979).

A maturidade completa dos vermes é atingida no fígado e é caracterizada pelo emparelhamento dos vermes macho e fêmea (Sulaiman et al., 1982). O verme fêmea incorpora-se no canal ginecofólico do verme macho, onde vive numa cópula semi-permanente (Mclaren, 1980). Os vermes emparelhados deslocam-se para as veias mesentéricas do intestino no caso do S. *mansoni, S. japonicum* e *S. intercalatum* (Ratard et al., 1991) ou para o plexo de Vénus no caso do S. *haematobium* (James et al., 1972, Sturrock et al., 1985). De tempos a tempos, a fêmea abandona o macho para se dirigir às extremidades das vénulas mais pequenas onde deposita os seus ovos. Estima-se que cerca de 50% dos ovos vão parar ao lúmen dos intestinos e da bexiga (Warren, 1973).

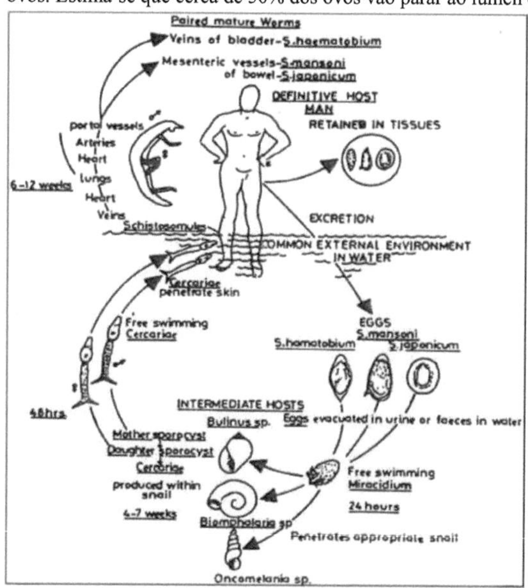

Figura 1.1: O ciclo de vida das espécies humanas de Schistosoma (de Jordan e Webbe, 1982)

Os ovos utilizam enzimas proteolíticas, que segregam com o objetivo de dissolver os tecidos do corpo para facilitar a passagem com a ajuda de movimentos peristálticos orgânicos (Doenhoeff et al., 1978). Os restantes ovos ficam presos nos tecidos do corpo, onde induzem uma reação do tecido hospedeiro e são rodeados pelos glóbulos brancos, levando à formação de granulomas (Warren, 1973). A formação do granuloma destrói os ovos para proteger o hospedeiro dos efeitos das enzimas proteolíticas. As células no granuloma são mais tarde substituídas por tecido fibrótico, o que resulta nas lesões características da Schistosomíase.

Os ovos de *S. haematobium* são caracterizados por uma espinha terminal e são eliminados na urina. Estes ovos são transmitidos para os habitats aquáticos através da micção direta de uma pessoa infetada. Os vermes adultos alojam-se nas veias do plexo vesicular (James et al., 1972, Sturrock et al., 1985). Os ovos de todas as outras espécies de Schistosoma humano são caracterizados por uma espinha lateral e são normalmente eliminados nas fezes. Os vermes adultos alojam-se nas veias mesentéricas dos intestinos (Ratard et al., 1991).

A única exceção aos parasitas acima referidos é o *S. intercalatum, cuja* distribuição se limita à África Ocidental (Wright et al., 1974). Caracteriza-se por um ovo com uma espinha terminal, mas os ovos são eliminados nas fezes. Os vermes adultos alojam-se nas veias mesentéricas dos intestinos, tal como o *S. mansoni* (Wright et al., 1972, Fournier et al., 1989, Pages e Theron, 1990).

Embora a sua estreita área de distribuição limite a sua importância médica, surgiram questões relativamente à
sua possível hibridação com *S. haematobium* e *S. mansoni* no hospedeiro definitivo e à competição com *S.
haematobium* no hospedeiro intermediário (Khalil e Mansour, 1990). Os esquistossomas adultos têm uma
esperança de vida média de 3 a 12 anos, com alguns vermes a sobreviverem durante 30 anos ou mais (Vermund
et al., 1983). Foi relatado que as fêmeas põem de 250 a 3.000 ovos diariamente (Manson-Bahr e Bell, 1987).

História de vida dos Schistosomas no hospedeiro invertebrado

O desenvolvimento assexuado dos esquistossomas ocorre em hospedeiros intermediários moluscos adequados,
com a eventual produção de cercárias (Figura 1.1). As cercárias penetram então nos hospedeiros definitivos
para iniciar o desenvolvimento sexual em esquistossomas adultos. A continuação do ciclo de vida dos
esquistossomas é altamente dependente da excreção bem sucedida de ovos em habitats de água doce que
suportam caracóis hospedeiros adequados (Jordan e Webbe, 1982).

Ao chegar a massas de água doce, os ovos de Schistosome eclodem imediatamente em miracídios de vida
livre. Os ovos de *S. mansoni* são eliminados nas fezes. Assim que chegam a ambientes de água doce, um
miracídio de natação livre eclode com a ajuda da luz e de um fator de diluição que afecta a pressão osmótica.
Esta pressão osmótica acabará por provocar uma fenda na parede da casca do ovo, através da qual o miracídio
ativo escapará.

A uma temperatura entre 100C e 300C, os ovos nas fezes podem permanecer viáveis durante cerca de uma
semana antes de chegarem à água, caso contrário tornam-se inviáveis. O miracídio, altamente ciliado, começa
a nadar para localizar hospedeiros moluscos adequados, nos quais penetra em poucas horas para continuar o
ciclo de vida parasitária. Os mecanismos que levam os miracídios a localizar com sucesso um caracol ainda
não são totalmente compreendidos (Chemin, 1974).

Observou-se que, quando os miracídios atingem a vizinhança de um hospedeiro intermediário, se voltam mais
rapidamente (Etges e Decker, 1963). Este aumento dos movimentos de rotação dos miracídios foi atribuído a
um estímulo resultante de substâncias libertadas pelos caracóis, principalmente miraxonas (ácidos gordos e
aminoácidos) e o produto neurogénico, a seratoxina (Chemin, 1970; Shiff e Kriel, 1970; McInnes et al., 1974).

No processo de localização de um caracol hospedeiro, os miracídios enfrentam taxas de mortalidade elevadas
durante condições físicas extremas, como temperaturas altas e baixas, ou em massas de água expostas a uma
forte ação do vento. Podem penetrar em caracóis inadequados, pelo que o ciclo de vida do parasita é
interrompido (Upatham e Sturrock, 1973a).

Quando os miracídios penetram nos caracóis, é provável que sejam reconhecidos como corpos estranhos pelo
sistema imunitário dos caracóis, caso em que serão barrados pela reação celular do hospedeiro (Basch, 1975,
1976). Os miracídios não reconhecidos no corpo do caracol transformar-se-ão em sacos alongados de
aglomerados de células indiferenciadas, chamados esporocistos primários. Estes aglomerados de células
crescerão assexuadamente em esporocistos secundários, que são massas de células semelhantes a sacos
ramificados. Cada um destes, por sua vez, desenvolve-se numa larva falcada chamada cercária. Os esporocistos
secundários individuais darão origem a milhares de cercárias diariamente durante o resto da vida do caracol.

Os miracídios não se alimentam e se não conseguirem localizar um caracol hospedeiro adequado dentro de 4
a 6 horas após a eclosão, perderão energia e cairão no fundo do habitat. A temperatura, a luz e a química da
água são alguns dos factores que se sabe que afectam o tempo de vida e a taxa de infecciosidade dos miracídios
no campo (Upatham, 1970, 1973; Sturrock e Upatham, 1973). Estes factores podem também desempenhar um
papel vital na determinação do início da eliminação de cercárias pelo caracol e do número de cercárias que
emergem.

Pensa-se que a taxa de infecciosidade miracidial do caracol, a idade e o tamanho do caracol têm um impacto
sobre as densidades de cercárias num habitat posterior. Uma vez libertadas pelo caracol, as cercárias podem
sobreviver no habitat durante dois dias e podem permanecer infecciosas durante várias horas (Belding,

1965).

CAPÍTULO 2

Revisão da literatura Distribuição global da esquistossomose humana

A doença está principalmente limitada a África, ao Extremo Oriente e à América do Sul, onde é endémica em mais de 70 países (Figura 2.1). O pico de prevalência e intensidade da doença foi registado em crianças com idades compreendidas entre os 5 e os 14 anos. Estas representam 60 a 70% de todas as pessoas infectadas no mundo (Mott, 1984). As espécies de esquistossomas que afectam o homem nas vastas regiões tropicais e subtropicais do mundo incluem *S. mansoni* (Sambon, 1907), *S. haematobium* (Bilharz, 1852), *S. japonicum* (Katsurada, 1904), *S. intercalatum* (Fisher, 1934) e *S. mekongi* (Voge, Bruckner e Bruce, 1978).

Os esquistossomas são conhecidos por terem um ciclo de vida em dois hospedeiros. O primeiro é o ciclo de vida sexual que tem lugar em vertebrados com sangue de vermes, também designados por hospedeiros definitivos. O segundo é o ciclo de vida assexuado que tem lugar num hospedeiro invertebrado (gastrópodes), também designado por hospedeiro intermediário. Para que os esquistossomas completem os seus ciclos de vida, têm de estar presentes hospedeiros gastrópodes que sejam compatíveis com estirpes locais específicas do parasita.

Os hospedeiros vertebrados desempenham um papel importante na determinação da distribuição geográfica da esquistossomose, mantendo o ciclo de vida da transmissão e transportando a doença de um local para outro. Isto é normalmente feito através de emigrações e migrações de pessoas que poluem os habitats adequados dos caracóis com excrementos infectados.

A distribuição da esquistossomose é, na maioria dos casos, tipicamente focal ou localizada e a sua prevalência pode variar de local para local ou de aldeia para aldeia numa determinada área endémica. Os níveis de prevalência podem ser grandemente determinados pelas condições locais, que na maioria dos casos afectam a transmissão do parasita. *O S. mansoni* ocorre em mais de 46 países africanos, desde a região do Sara, no norte, até ao extremo sul.

Só na Argélia, Maurícia e São Tomé e Príncipe é que *o S. mansoni* não foi notificado. Na região da América do Sul, a doença foi registada em 10 países (OMS, 1993). A ampla disseminação do *S. mansoni* foi atribuída ao comércio de escravos, com base em estudos alozimáticos (Fletcher, LoVerde e Woodruff, 1981) e em dados de sequências ribossómicas nucleares e mitocondriais (Despres, Imbert-Establet e Monnerat, 1993).

Na região do Mediterrâneo Oriental, sabe-se que também ocorre em 10 países (OMS, 1993). Não se tem conhecimento da sua ocorrência nas regiões da Europa e do Pacífico Ocidental. A doença é transmitida por espécies de caracóis Biomphalaria e existe sob a forma de um certo número de estirpes biológicas distintas, de acordo com a localização geográfica das áreas endémicas. Cada estirpe infectará apenas certas espécies de caracóis hospedeiros numa determinada localidade endémica. As diferentes estirpes causam normalmente diferentes níveis de patologia nos seres humanos. É claro que estes diferentes níveis de patologia também podem ser causados por diferenças na intensidade da transmissão.

Nos locais onde *o S. mansoni* é encontrado, sabe-se que é transmitido a partir de uma variedade de habitats, incluindo margens de lagos, áreas de savana, ao longo de rios pequenos e grandes, ao longo de pequenas e grandes barragens, em explorações de arroz e em torno de áreas pantanosas onde existem temperaturas óptimas.

A S. haematobium está amplamente distribuída na região africana e no Médio Oriente, onde tende a concentrar-se ao longo das costas orientais do Oceano Índico e das costas ocidentais do Oceano Atlântico.

Entre os países africanos endémicos, apenas o Burundi, o Ruanda e a Mauritânia não notificaram a presença de S. haematobium (OMS, 1993).

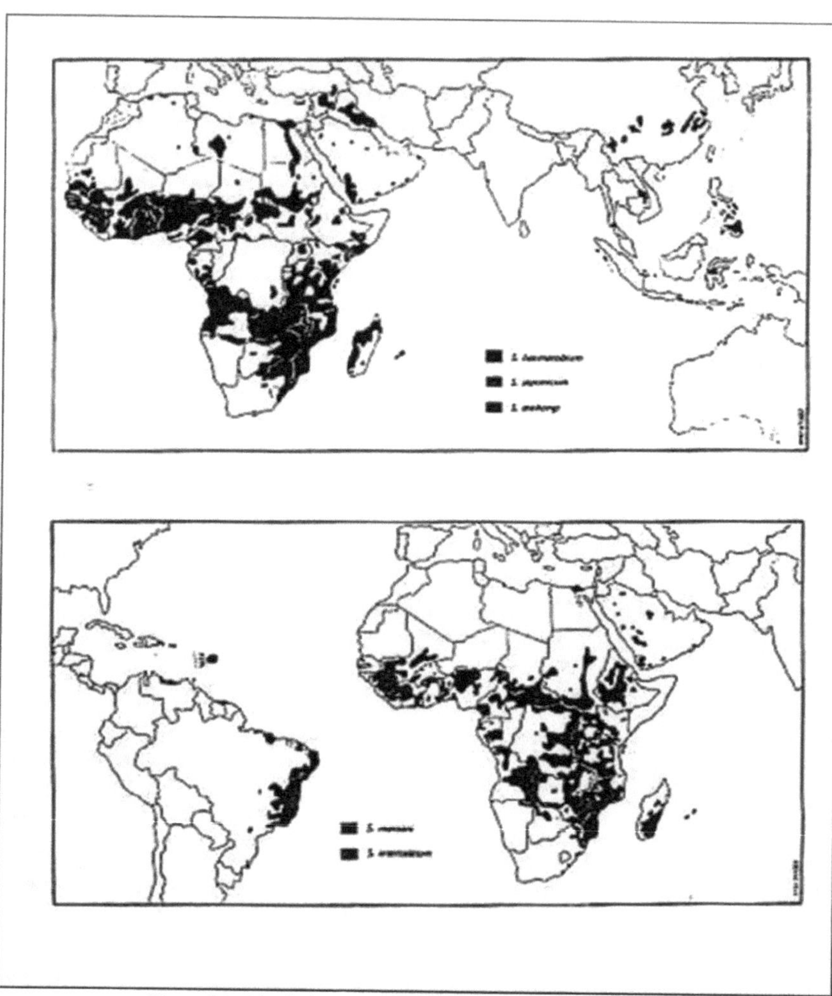

Figura 2.1: Distribuição global da esquistossomose (Cortesia da OMS).

Suspeita-se que a doença esteja presente num pequeno foco na Índia, mas isso ainda é objeto de controvérsia (Gadgil e Shah, 1952; Gaitonde et al., 1981). Não ocorre na região americana. Todos os países endémicos de *S. mansoni* na região do Mediterrâneo Oriental comunicaram também a presença de S. *haematobium. O S. mansoni* é transmitido por quatro grupos de caracóis do género Bulinus, nomeadamente *B. africanus, B. truncatus/tropicus complex, B.forskalii* e *B. reticulatus.*

Foram registadas infecções naturais de *S. intercalatum* na República Centro-Africana, Chade, Congo, Guiné Equatorial, Gabão, Mali, Nigéria, São Tomé e Príncipe e República do Congo (Fisher, 1934, Acha e Szyfres, 1980; Rollinson e Southgate, 1987). Todos os países onde *o S. intercalatum* foi registado também têm *S. mansoni* e *S. haematobium. O Schistosoma intercalatum* é transmitido por caracóis *B. forskalii*. A distribuição dos hospedeiros intermediários é muito mais vasta do que a da própria doença.

Sabe-se que o *Schistosoma japonicum* ocorre apenas na Indonésia, Tailândia, China e Filipinas, não tendo o Japão registado casos nos últimos tempos. A doença ocorre em regiões onde vivem 5% da população mundial.

A sua distribuição geográfica segue de perto a das seis subespécies anfíbias de caracóis *Oncomelania hupensis* que actuam como seu hospedeiro intermediário.

O Schistosoma *mekongi* tem o foco de distribuição mais restrito de todos os Schistosomas. Está confinado ao vale do rio Mekong no Camboja e no Laos e é transmitido por caracóis *Neotricula aperta* (Vogeetal., 1978).

Outros Schistosomas animais

Existem treze espécies de Schistosome que infectam uma série de animais selvagens e domésticos em África, no Médio Oriente, na Índia e na Ásia Oriental e Meridional. Estas incluem *S. mattheei, S. bovis, S. curassoni, S. margrebowiei, S. leiperi, S. rhodhaini, S. edwardiense, S. hippopotami, S. indicum, S. spindale, S. nasale, S. incognitum e S. sinensium*. No entanto, apenas três destas espécies são as mais importantes do ponto de vista económico, nomeadamente *S. mattheei, S. bovis* e *S. spindale*.

Sabe-se que o *Schistosoma mattheei infecta* herbívoros domésticos, incluindo bovinos, ovinos, caprinos e antílopes selvagens em África (Wright e Ross, 1980; Kruger et al., 1986a, b). Os seus hospedeiros intermediários pertencem ao grupo *Bulinus africanus*. No homem, pode causar dermatite cercariana e infecções patentes. Pensa-se que o parasita pode hibridizar com *S. haematobium* se infectarem o mesmo hospedeiro. É possível que no homem esta seja a única forma de o *S. mattheei* atingir a maturidade sexual e causar patologia.

O *Schistosoma bovis* infecta principalmente bovinos e ovinos e encontra-se em África e no Médio Oriente (Majid, et al., 1980). Os seus hospedeiros intermediários pertencem aos grupos *Bulinus africanus, Bulinus forskalii* e *Bulinus trancatus/tropicus*. Pode infetar esporadicamente pessoas que estejam em contacto próximo com o gado. Também é conhecida por causar dermatite cercariana no homem. A doença pode ser adquirida através da ingestão de fígados de animais infectados.

O *Schistosoma spindale* infecta búfalos na Ásia, mas também é capaz de infetar ovelhas, cabras, gado bovino, cavalos e roedores. É endémica na Índia, no Sri Lanka, na Indonésia, na Malásia, na Tailândia e no Vietname. Os seus hospedeiros intermediários são os caracóis Indoplanorbis exustus e pode causar dermatite cercariana no homem.

O *Schistosoma sinensium* foi isolado pela primeira vez de ratos na província chinesa de Szechuan por Pao (1959) e o *S. curassoni,* um parasita de ruminantes, foi descrito por Vercruysse et al., 1984). O S. leiperi é um esquistossoma de herbívoros (Le Roux, 1955) enquanto o *S. margrebowiei* tem uma gama de hospedeiros entre os animais de caça selvagens em África (Le Roux, 1933, Southgate e Knowles, 1977).

O *Schistosoma indicum* é principalmente um Schistosoma de animais domésticos no subcontinente indiano, enquanto o *S. spindale* é um Schistosoma de ruminantes, equídeos e roedores (Montgomery, 1906a, e b). *S. nasale é um esquistossomo* de bovinos, ovinos e caprinos e causa a esquistossomose nasal ou doença do ronco entre esses animais (RoHinson e Southgate, 1987). *O S. incognitum* infecta principalmente porcos, cães, cabras e veados selvagens (Rao e Ayyar, 1933; Sihna e Srivastava, 1960; Agrawal e Sahasrabudhe, 1982).

Esquistossomose no Uganda

A presença de esquistossomose no Uganda foi detectada pela primeira vez por Castellani (1902). Nelson (1958) clarificou a epidemiologia da *S. mansoni* na região do Nilo Ocidental. Níveis de prevalência superiores a 90% foram registados na mesma região por Ongom e Bradley (1972). A doença foi considerada hiperendémica nas comunidades ribeirinhas do Lago Albert e do Nilo Albert na região noroeste, bem como em Ntoroko, na ponta sul do lago (Nelson, 1958). A presença de esquistossomose no Lago Albert era conhecida desde o início de 1950 (Mandal-Barth, 1954). Em 1970, foram registadas taxas de prevalência muito elevadas da doença entre os trabalhadores dos caminhos-de-ferro do então Porto de Butiaba (Prentice et al., 1970). Desde então, a área tem sido uma zona endémica da doença, sem que ninguém tenha posto em prática medidas de intervenção.

A presença da doença foi igualmente registada em Lake Edward, George e Bunyonyi (Moriearty e Lewert,

1974). Foram registados valores de prevalência de 53% em torno de Gulu, Kitgum e ao longo do rio Aswa, na região norte (Bradley et al., 1967). A esquistossomose era considerada endémica ao longo das margens do lago Vitória e das ilhas de Lolui e Bulago, na região central, bem como no lago Kabaka, na vizinhança da cidade de Kampala (Prentice et al., 1970).

Estima-se agora que mais de 1,5 milhões de pessoas, representando cerca de 7,8% de toda a população, estejam atualmente infectadas com Schistosomíase e que cerca de 3,8 milhões de pessoas estejam expostas à infeção (OMS, 1985). A maior parte da doença na maior parte do país é devida à Schistosomíase intestinal. *A S. haematobium* tem um padrão de distribuição limitado no Uganda, limitado apenas aos distritos de Gulu, Lira, Kitgum, Pader e Apac na região norte, onde se sobrepõe à *S. mansoni*. A transmissão desta doença está localizada em torno de pequenos rios das barragens de Tochi, Koli e Aswa e Aioi Ongom. No passado, foram registados alguns casos no lago Kyoga (Schwetz, 1951; Bradley, Sturrock e Williams, 1967).

Embora não existam dados a nível nacional que mostrem os níveis de morbilidade sofridos em resultado da infeção com esquistossomose, os poucos estudos que foram efectuados no passado recente ao longo do Lago Albert mostram níveis de morbilidade bastante elevados entre as comunidades piscatórias (Kabatereine, et al., 1999). A distribuição geográfica conhecida da doença vai desde a bacia do Lago Vitória e segue toda a extensão do Nilo Vitória até ao Lago Kyoga. O trecho do Nilo Alberto e a maior parte da região do Nilo Ocidental até à fronteira com o Sudão são particularmente afectados por *S. mansoni* (Prentice et al., 1970).

A doença também afecta todos os lagos de água doce no grande vale do rift ocidental, nomeadamente o Lago Albert, o Lago Edward e o Lago George até ao sopé da Montanha Rwenzori. A maior parte dos sistemas de irrigação do país são endémicos para a doença, especialmente Kibimba, Doho, Olwenyi e Mubuku, respetivamente (Prentice, 1972). Os inquéritos efectuados a nível nacional pelo Ministério da Saúde revelaram até agora a presença da doença em 42 dos 56 distritos existentes no Uganda (Figura 2.2).

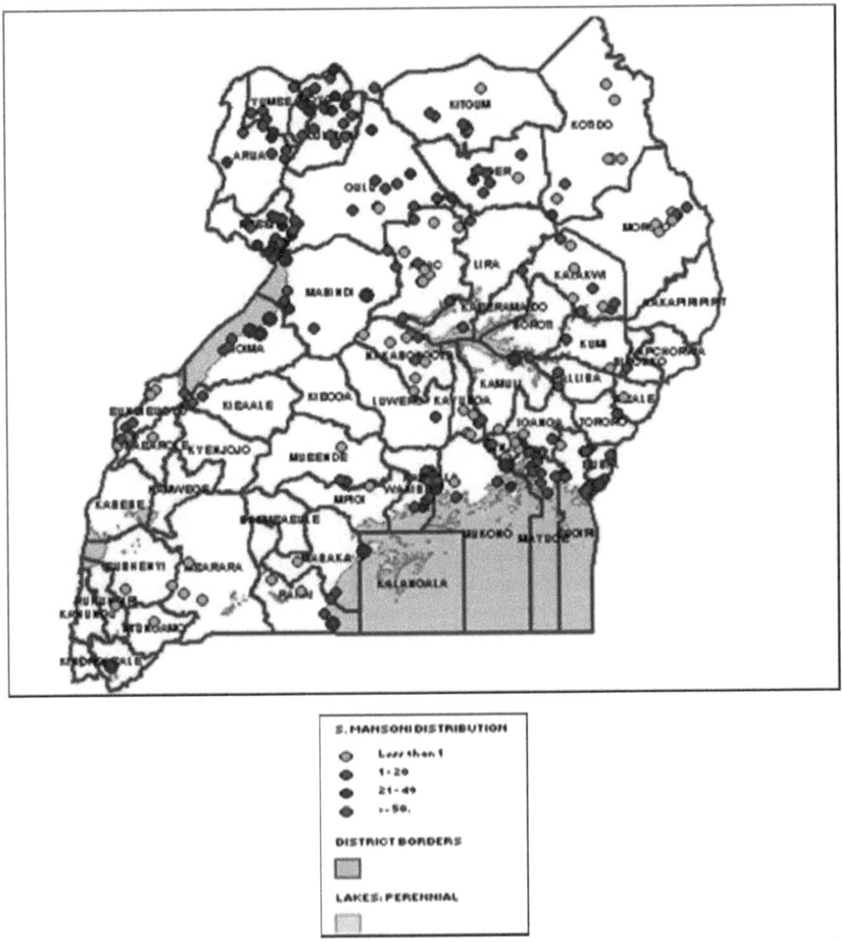

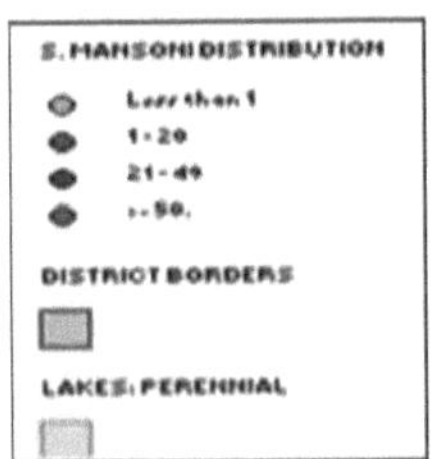

Figura 2.2: A distribuição do *Schistosoma mansoni* no Uganda (Fonte: Ministério da Saúde, Arquivos da Divisão de Controlo de Vectores - 2002).

Durante muito tempo, pensou-se que a doença no Uganda era uma doença das zonas rurais e que estava apenas associada às comunidades piscatórias. Investigações recentes do Departamento de Controlo de Vectores do Ministério da Saúde revelaram a presença da doença nos nossos centros urbanos, incluindo a capital (Kabatereine, et al., 1997).

Para além dos esquistossomas humanos, existem outros esquistossomas no Uganda que afectam sobretudo animais domésticos e selvagens. Estes incluem: - *S. bovis*, que é um Schistosoma do gado. Utiliza caracóis dos grupos *Bulinus truncatus/tropicus, B. globosus* e *B.forskalii* como hospedeiros intermediários. Foi registado que uma série de outros animais domésticos e selvagens, incluindo ovelhas, cabras, porcos, antílopes e roedores, podem adquirir a infeção naturalmente (Pitchford, 1977).

O Schistosoma rodhaini é conhecido por ser um Schistosoma de roedores, cães e gatos (Pitchford, 1977). Foram registadas infecções experimentais com um isolado do Uganda deste Schistosoma em ratos e hamsters, com níveis de suscetibilidade mais baixos em coelhos e porquinhos-da-índia (Fripp, 1967). Foram detectadas infecções naturais em cães, roedores e gatos (Pitchford, 1967). Verificou-se que a *B. sudanica* e a *B. pfeifferi* estavam naturalmente infectadas com *S. rhodhaini* (Schwezt, 1953b).

O Schistosoma hippopotamus é um Schistosoma do Hipopótamo (Fripp, 1981, Pitchford e Visser, 1981) e a sua morfologia foi descrita por Thurston em 1963 a partir do Lago Edward no Uganda. Pitchford e Visser (1981) argumentaram, com base na morfologia do ovo, que *S hippopotamus* é sinónimo de *S. mansoni* e, por conseguinte, a sua validade é ainda duvidosa.

Schistosoma edwardiense é também um esquistossoma do hipopótamo e a sua morfologia adulta foi descrita por Thurston (1964) do Parque Nacional Rainha Isabel no Uganda. Pitchford e Visser (1981) recuperaram *S. edwardiense* de hipopótamos no Parque Nacional Kruger, na África do Sul. Pensa-se que o hospedeiro intermediário deste esquistossoma seja uma espécie de Biomphalaria com um padrão de excreção nocturna.

A fauna de hospedeiros intermediários do Uganda e a sua ecologia

Todos os hospedeiros intermediários de *S. mansoni* pertencem à subfamília Planorbinae e ao género Biomphalaria, enquanto os de *S. haematobium* pertencem à subfamília Bulininae e ao género Bulinus. O género Bulinus também actua como hospedeiro intermediário de *S. intercalatum.*

A distribuição dos caracóis e a dinâmica das populações num determinado habitat são influenciadas por um certo número de factores ambientais. Entre estes factores encontram-se a precipitação e a temperatura (Jordan e Webbe, 1982). Sabe-se que estes factores estimulam a reprodução com o subsequente aumento das densidades (Madsen, 1982). O estímulo devido à precipitação pode ser sob a forma de uma diluição de vários produtos químicos dissolvidos na água, causando uma redução da salinidade ou, no caso da temperatura, pode haver uma queda na temperatura da água como resultado da chuva (Webbe e Msangi, 1958).

Os padrões de precipitação, as flutuações do nível do lago e as temperaturas mostram uma ligação entre a abundância de caracóis e as taxas de infeção nos locais de transmissão. Isto, por sua vez, provoca uma flutuação sazonal na transmissão da doença e na dinâmica da população de caracóis. No Uganda, a informação escassa no domínio da Malacologia foi iniciada por Mandal-Barth (1958) e Prentice (1972), especialmente no Lago Vitória e no Nilo Alberto. Os seus estudos mostraram que a *B. choanomphala* no Lago Vitória e a *B. pfeifferi* noutros locais eram os principais hospedeiros intermediários, sendo *a B. sudanica* considerada um hospedeiro muito pobre em condições laboratoriais.

No país, *o S. mansoni* é transmitido principalmente por *Biomphalaria pfeifferi, B. sudanica, B. choanomphala, B. stanleyi* e *B. smithi* (Baalawy, 1971; Prentice, 1972). *B. sudanica* e *B. pfeifferi* são abundantes onde quer que existam habitats adequados na maior área do país. Estes habitats vão desde riachos naturais sazonais e permanentes, margens de lagos, rios, áreas de relva inundadas, barragens artificiais, poços, charcos, pântanos, valas e sulcos. *A B. choanomphala* está apenas limitada ao lago Vitória, tal como a *B. stanleyi* no lago Albert e a *B. smithi* no lago Edward.

Na bacia do Lago Vitória, encontram-se três espécies de caracóis susceptíveis, nomeadamente *B. Pfeiff eri, B. choanomphala* e, em menor escala, *B. sudanica* (Webbe, 1962). *A B. choanomphala* pode ser encontrada desde águas pouco profundas até uma profundidade de 12 metros. Foi assinalada como um dos principais hospedeiros intermediários na zona (McCullough, 1972). Verificou-se que *o B. pfeifferi* é altamente suscetível ao *S. mansoni* e foi implicado em todos os surtos da doença no país, à exceção do Lago Vitória (Cridland, 1957). Este caracol prefere viver em charcos límpidos com vegetação permanente, assim como em riachos e rios de fluxo lento. Revelou-se altamente suscetível a todas as estirpes de Schistosoma encontradas no Uganda (Cridland, 1955; Prentice et al, 1970).

A Biomphalaria stanleyi ocorre apenas no Lago Albert e no Nilo Albert, onde está associada a leitos de Vallisneria em águas profundas (Prentice et al., 1970). *A B. smithi* só foi encontrada no lago Edward, no sudoeste do Uganda, onde é o principal hospedeiro da doença. Também está associada a leitos de Vallisneria em águas bastante profundas. O lago George suporta *B. sudanica,* que é o principal hospedeiro intermediário.

14

Na região do Nilo Ocidental, os principais hospedeiros intermédios são *B. pfeifferi* e *B. sudanica*. Nos distritos setentrionais de Gulu, Kitgum, Lira, Apac e Pader, onde ocorrem tanto *S. mansoni* como *S. haematobium*, os hospedeiros são *B. pfeifferi* e *B. sudanica* para a esquistossomose intestinal e os Bulinus spp *B. globosus* e *B. nasutus* para a esquistossomose urinária. Embora outros Bulinus spp ocorram amplamente na maioria dos habitats de água doce do país, nunca foram incriminados como hospedeiros de qualquer doença.

Os estudos ecológicos sobre os caracóis exigiram o estabelecimento dos seus limites de tolerância em relação a factores bióticos e abióticos. É provável que estes factores variem muito no ambiente natural em relação à distribuição dos caracóis e à dinâmica das populações. Neste contexto, é necessário estudar o maior número possível de habitats no Lago Albert, com o objetivo de os relacionar com os padrões de transmissão da doença.

Um método de recolha fraccionada de caracóis, utilizando uma colher para estudar a variação da abundância relativa dos caracóis, tal como foi demonstrado por Fenwick e Amin (1983) e Woolhouse (1988a), pode ser um instrumento muito útil. Utilizando este método, é possível conhecer a distribuição geral dos caracóis e identificar os focos de transmissão (Sturrock, 1986).

A determinação da abundância absoluta de caracóis no Lago Albert utilizando a pinça de Van Veen revelou-se difícil durante os levantamentos de base. O método foi considerado destrutivo para os habitats e tinha o problema de não recolher os caracóis jovens.

Também se registaram dificuldades na amostragem de caracóis em locais de águas profundas com a presença de plantas aquáticas. Embora em alguns casos, como por exemplo canais de irrigação e sistemas de drenagem, pântanos e lagoas de tamanho médio, se tenham obtido dados absolutos fiáveis durante muito tempo, utilizando técnicas de exaustão direta sem afetar o equilíbrio biológico do habitat (Pesigan et al., 1958a; Shiff, 1964c; Sturrock, 1973a, 1975; Tanaka et al.; 1978), tais métodos não seriam fisicamente possíveis numa grande massa de água como o Lago Albert.

Estes métodos de estudo ecológico conduzirão facilmente a conhecimentos sobre a distribuição das espécies hospedeiras intermédias no Lago Albert e quais as espécies de caracóis que estavam a transmitir quais Schistosomas e em que locais de transmissão. Um ponto estratégico será comparar, numa série de ensaios laboratoriais experimentais, factores ecológicos relevantes que poderiam afetar a distribuição dos caracóis e dos cercários no ambiente natural.

Abordagens estratégicas no controlo dos hospedeiros intermediários e da doença

A partir de 1980, as estratégias de controlo da esquistossomose têm-se centrado na redução da morbilidade através da utilização de uma dose oral única de Praziquantel (40mg/Kg de peso corporal) e, em certa medida, em abordagens vigorosas de educação para a saúde (OMS, 1985, 1993). A ênfase na educação para a saúde tem sido direccionada para estimular os programas de cuidados de saúde primários de uma forma integrada.

O controlo dos hospedeiros intermediários através de moluscicidas foi tentado em vários países endémicos, com um sucesso misto. Só no Egipto se registou recentemente um êxito no controlo da esquistossomose através da quimioterapia, da utilização de moluscicidas e de programas de educação sanitária melhorados (El Khoby, 1994).

A fim de obter resultados a longo prazo no controlo das doenças, a questão das estratégias de controlo sustentáveis tem de ser abordada logo na fase de planeamento. Isto exige uma abordagem a nível micro, que deve realçar a importância da mudança de comportamento para minimizar os factores de risco relacionados com a transmissão de doenças (Barbosa e Coimbra, 1992). Igualmente importante é o fator de participação da comunidade na educação para a saúde como componente essencial de qualquer iniciativa de controlo das doenças tropicais. É provável que o êxito e a sustentabilidade dos programas resultem deste fator.

A educação para a saúde, enquanto entidade integrada, tem desempenhado um papel cada vez mais importante na campanha de controlo da esquistossomose e dos seus hospedeiros intermediários. O pacote inclui saneamento, abastecimento adequado de água potável e divulgação de informação. Se a educação sanitária e a divulgação de informações forem realizadas de forma contínua e bastante extensa, podem ser instrumentos fiáveis para provocar uma mudança de comportamento entre as populações endémicas. Isto atrairia inadvertidamente o envolvimento da comunidade e uma melhor participação em todos os programas de saúde (Barbosa, 1975). A participação da comunidade é vista como um canal promissor através do qual a comunidade pode ser sensibilizada para os factores biossocioculturais que aumentam a transmissão de doenças, a fim de melhorar a qualidade de vida.

O controlo dos hospedeiros intermediários tem sido complicado pelo facto de os caracóis terem o potencial de sobreviver em ambientes aquáticos naturalmente inadequados durante longos períodos de tempo, através de estivação. Os mesmos caracóis têm uma elevada capacidade de reprodução e alguns deles, que sobrevivem ao período de estivação, repovoam os habitats numa questão de meses, assim que os habitats se enchem de água (Sturrock, 1995).

Embora eficaz, a utilização de moluscicidas sintéticos para controlar os caracóis, especialmente em grandes massas de água, é altamente questionável devido aos seus efeitos adversos em organismos não visados e no ambiente em geral. Apesar desta discrepância, foram efectuados ensaios sobre a utilização de alguns novos moluscicidas sintéticos, com razoável sucesso. Estes incluem o pentaclorofenato de sódio (NapCP), a niclosamida (21,5-dicloro-4-nitrosalicilanilida) e o Frescon® (N-tritylmorpholine).

Como alternativa, foram experimentados extractos de plantas com propriedades moluscicidas, com um sucesso igualmente razoável (Mott, 1987). O desenvolvimento de moluscicidas vegetais foi, por sua vez, dificultado por problemas toxicológicos e pela incapacidade de cultivar as plantas nas quantidades necessárias para satisfazer a eventual grande procura (Lugt, 1981).

As lições que se aprenderam até agora com a utilização de moluscicidas sintéticos e de extractos de plantas levaram a que se recorresse a outros meios menos nocivos de controlo dos caracóis. Os métodos de controlo biológico que utilizam predadores, agentes patogénicos e competidores dos caracóis têm sido defendidos e experimentados em várias condições. Os ensaios pioneiros registaram algum sucesso em laboratório e em condições de campo limitadas (Hairston et al., 1975, McCullough, 1981, OMS, 1984 e Madsen, 1990).

Um certo número de agentes biológicos, incluindo aves, tartarugas, peixes, lixiviados, nemátodos e ostracodes, têm sido apontados como possíveis agentes de controlo dos caracóis. Estes agentes, contudo, apenas demonstraram sucesso em condições laboratoriais ou controladas. O seu impacto nas populações de caracóis no campo é ainda questionável e constitui um assunto para investigação futura. De qualquer modo, os agentes de controlo de caracóis mais promissores têm sido os caracóis concorrentes.

Entre os caracóis concorrentes contam-se Helisoma Spp., *B. pomacea, Marissa comuariatus, Thiara spp.* e *B. straminea*. Os dados documentados neste domínio mostraram uma deslocação acentuada dos hospedeiros intermediários da Schistosomíase pelos concorrentes no terreno (Ferguson, 1972, Barbosa, 1973, 1987, Michelson e Duboir, 1979, Pointier e McCullough, 1989).

Declaração do problema

Os estudos em Butiaba estão em curso desde 1995, abordando os aspectos de prevalência e intensidade da esquistossomose entre a população humana das aldeias Piida e Booma antes e depois da quimioterapia. Além disso, foram iniciados estudos sobre a imunologia da esquistossomose na comunidade de Butiaba, paralelamente às investigações acima referidas, para abranger os efeitos imunológicos e patológicos através de medições clínicas e ultra-sonográficas da patologia após a quimioterapia. Os resultados provisórios indicaram uma prevalência elevada da doença (70%) com intensidades elevadas correspondentes (400 ovos g-1 de fezes). Verificou-se que a morbilidade devida à esquistossomose era elevada, com cerca de 30% das pessoas a sofrerem de fibrose hepática induzida por esquistossomas (Kabatereine, comunicação pessoal).

Apesar da quimioterapia regular à comunidade na sequência dos estudos acima referidos, foi demonstrado que se verificava uma reinfeção rápida da doença entre a população (Kabatereine, et al., 2000). Devido a este desenvolvimento, houve uma necessidade urgente de investigar todos os aspectos da ecologia dos hospedeiros intermediários, de modo a estabelecer a sua ligação com os padrões de transmissão da doença, para que fossem postas em prática medidas de intervenção adequadas.

Justificação do estudo

Os estudos imunológicos e parasitológicos iniciados em 1996 (Kabatereine et al., 1999) revelaram taxas de prevalência muito elevadas e níveis de intensidade da doença entre as comunidades do Lago Albert, com elevada morbilidade. Os aspectos da transmissão da doença pelos hospedeiros intermediários não foram investigados em pormenor, a não ser pela observação da existência de populações de Biomphalaria infectadas com Schistosoma em intervalos mensais.

A fim de relacionar a prevalência e a intensidade da doença, bem como os seus efeitos patológicos, com os seus padrões de transmissão, foi previsto um estudo sistemático da ecologia, da dinâmica populacional e da transmissão pelos hospedeiros intermediários. Os factores biológicos e ambientais que afectam a dinâmica populacional e a distribuição dos hospedeiros intermediários deviam ser estudados em relação à transmissão da doença em Butiaba.

Entre as recomendações que foram feitas a partir do estudo supramencionado, conta-se a realização de um estudo longitudinal para elucidar a ecologia dos hospedeiros intermediários e os seus padrões de transmissão da doença, a fim de determinar a melhor estratégia de intervenção tanto para a doença como para os hospedeiros intermediários. Para além disso, os dados recolhidos forneceriam informações de base essenciais sobre a transmissão para a interpretação dos resultados de estudos clínicos e imunológicos anteriores e posteriores.

CAPÍTULO 3

Materiais e métodos Área de estudo

O estudo foi efectuado no distrito de Masindi, na paróquia de Butiaba (subcondado de Buliisa), ao longo das margens orientais do Lago Albert (Placa 1). Butiaba, a uma altitude de 600-800 metros acima do nível do mar, pode ser acedida através de uma estrada para todas as condições meteorológicas a partir da cidade de Masindi, através da floresta de Budongo. Existe uma escarpa que desce abruptamente em direção ao lago, formando uma savana arenosa e plana, pontilhada de ervas curtas e arbustos espinhosos de acácia, até ao centro comercial. A freguesia é composta por quatro aldeias principais: Piida, Booma, Walukuba e Bugoigo, e todas as quatro aldeias foram incluídas neste estudo.

Todas estas aldeias se estendem ao longo das margens do Lago Albert, que se situa a uma altitude de 615 metros acima do nível do mar, no grande vale do rift ocidental da África Oriental. O Lago Albert tem 150 km de comprimento e 35 km de largura, com uma profundidade média de 56 metros (Beauchamp, 1956). O lago é alcalino com elevadas proporções de sais em solução e, em certas alturas do ano, é invadido por algas castanhas (Stephanodiscuss ou Nitzschia spp) e azuis-verdes (Microcystis spp) (Beadle, 1974).

A precipitação anual em Butiaba varia entre 800-1200 mm, sendo as chuvas curtas de março a maio e as chuvas longas de agosto a novembro. A temperatura do ar varia de 220C a 330C. A principal ocupação da população é a pesca e o comércio em pequena escala. A população total da freguesia é de cerca de seis mil pessoas que vivem, na sua maioria, em cabanas de palha construídas ao longo da margem do lago. Existem algumas estruturas semi-permanentes com telhados de ferro ondulado. Poucas casas têm latrinas de fossa e os excrementos humanos podem ser vistos por todo o lado ao longo da costa.

Aldeia de Piida

Esta é a primeira aldeia da freguesia e é a mais povoada das quatro aldeias. Caracteriza-se por uma longa praia aberta, a praia do Magali (Placa 2). A extremidade norte da aldeia é rodeada por um longo pântano, principalmente de canas e juncos, que se estende a mais de cem metros para dentro do lago em alguns pontos. A aldeia estende-se por cerca de dois quilómetros e meio desde o rio Waki até à fronteira com a aldeia de Booma. A aldeia tem um dos mais antigos dispensários do Uganda, construído durante o governo colonial. A população desta aldeia não é estável, uma vez que as pessoas estão sempre em movimento, dependendo de onde há maior captura de peixe noutras áreas do lago. Outras são pessoas que estão em trânsito para outras partes do país e para a República do Congo, do outro lado do lago. Não existe uma única escola primária nesta aldeia e todas as crianças têm de ir à escola na aldeia de Booma. A principal tribo aqui é a Alur do distrito de Nebbi e da República do Congo.

Aldeia de Booma

Esta é a segunda aldeia da freguesia e corre paralela ao lago. É escassamente povoada, sendo os Bagungu a tribo dominante, que vive em propriedades dispersas. A aldeia estende-se por cerca de dois quilómetros e tem um pequeno centro comercial com uma escola primária. A maioria das pessoas são pescadores e algumas têm lojas de retalho. Um pequeno número de famílias cria gado bovino e caprino. A aldeia de Booma tem uma longa extensão de terra não habitada que se estende até à ribeira de Pakulo, que marca a fronteira norte com a aldeia de Walukuba. Caracteriza-se também por um longo pântano de canas e juncos que cobre toda a margem do lago desde a fronteira com a primeira aldeia até à ribeira de Paculo. Não tem praias abertas ao longo de toda a sua costa.

Aldeia de Walukuba

Esta é a terceira aldeia da freguesia e é a maior de todas. Também corre paralelamente à margem do lago numa extensão de cerca de quatro quilómetros, desde a ribeira de Pakulo, a sul, até ao rio Sonsio, a norte. A população de Walukuba é superior à da segunda aldeia, mas inferior à da primeira aldeia. As propriedades também estão dispersas e a maioria das pessoas pertence à tribo Alur. A maioria das pessoas são pescadores e algumas amílias criam gado bovino e caprino. A aldeia distingue-se das restantes pelo facto de várias herdades praticarem a agricultura com grandes hortas de algodão ao longo da estrada para Buliisa e Wanseko. Para além do algodão, outras culturas, especialmente o milho e as batatas, são cultivadas ao longo do vale do rio Sonsio. Walukuba tem uma longa praia aberta limitada à sua costa central, onde se encontram vários locais de desembarque de peixe. O resto da sua costa é caracterizado por altas falésias que limitam o acesso direto ao lago. Existem apenas quatro locais de amostragem de caracóis na aldeia.

Aldeia de Bugoigo

Esta é a última das quatro aldeias da freguesia de Butiaba e é a segunda maior. Estende-se por cerca de três quilómetros desde o rio Sonsio até ao rio Waisoke, a norte. Existe uma escola primária e um grande dispensário na aldeia. Bugoigo é muito povoada, com duas tribos principais, Bagungu e Alur, que dominam a área. Tal como na segunda e terceira aldeias, a população é mais estável e muitas pessoas têm casas permanentes. Algumas propriedades praticam alguma agricultura ao longo do vale do rio Waisoke, onde cultivam sobretudo batatas e legumes verdes. A aldeia é caracterizada por uma curta praia aberta a seguir ao rio Sonsio e por um pântano de canas e juncos que se estende ao longo do resto da sua costa até ao rio Waisoke. Há uma série de locais de desembarque de peixe onde as pessoas entram em contacto com a água. Existem onze locais de amostragem de caracóis em Bugoigo.

Conceção do estudo

As experiências de campo e de laboratório foram concebidas para serem realizadas durante um período de dois anos, a fim de investigar as seguintes hipóteses: -

1) As espécies de Biomphalaria presentes no Lago Albert não são igualmente importantes na transmissão do S. *mansoni.*
2) As condições ecológicas no lago Albert e nas suas imediações nem sempre são propícias à proliferação dos hospedeiros intermediários, pelo que se registam variações (sazonais).
3) *O Schistosoma mansoni* não é a única espécie de Schistosoma presente na zona.

Foi planeado um estudo longitudinal para investigar os seguintes domínios: -

1) Distribuição sazonal dos caracóis e taxa de infeção.
2) Dinâmica das populações de caracóis no ambiente natural.
3) Dinâmica das populações de caracóis em laboratório.
4) Distribuição de cercárias no habitat natural e estimativa da carga de vermes e do estabelecimento de vermes em animais de laboratório experimentais.
5) Suscetibilidade e tolerância dos caracóis à estirpe local do parasita em função da idade.
6) Períodos pré-patentes da estirpe local do parasita nos hospedeiros intermediário e definitivo. 7) Efeito dos factores ambientais na distribuição sazonal dos caracóis e na taxa de infeção.

Os parâmetros acima referidos foram medidos a fim de atingir os seguintes objectivos:

1) Obter um registo contínuo e fiável das flutuações das populações de campo de B. *sudanica* e B. *stanleyi* e identificar os factores que as causam.
2) Determinar o papel relativo das espécies de Biomphalaria na transmissão de S. *mansoni* no Lago Albert.
3) Identificar quaisquer outras espécies de Schistosoma transmitidas pela espécie Biomphalaria.
4) Detetar cercárias de S. *mansoni* em locais de contacto com água humana onde se crê estar a ocorrer transmissão.

Inicialmente o estudo incluiu vinte locais de amostragem (dez locais de B. *stanleyi* e dez locais de B. *sudanica*) principalmente das aldeias de Piida, Booma e Walukuba, com apenas dois locais da aldeia de Bugoigo. Os dois sítios de Bugoigo eram sítios de *B. sudanica*, que durante muito tempo não produziram quaisquer caracóis positivos e, no entanto, verificou-se que a prevalência da doença na população humana era elevada.

Em março de 2001, foi feito um levantamento intensivo de toda a linha costeira ao longo da aldeia de Bugoigo e foram acrescentados mais nove sítios aos dois originais, passando a haver onze. Todos os nove novos sítios eram sítios de *B. stanleyi* e foram amostrados a partir de uma canoa. Estes sítios iam desde as margens pouco profundas com gramíneas e juncos até às águas mais profundas com zonas de juncos, bem como águas abertas onde abundavam plantas submersas como Vallisneria Spp (Figura 3.1).

Utilizou-se uma pá de cozinha montada num cabo de madeira de 2 metros, com uma malha de arame de um milímetro, tanto nos locais de águas pouco profundas (placa 10) como nos locais de águas profundas (placas 11 e 12). A amostragem mensal de caracóis começava sempre entre as 7.30 e as 9.00 horas da manhã, de forma a permitir que os caracóis recolhidos fossem expostos, o mais cedo possível, para a eliminação das cercárias. A amostragem dos caracóis foi programada para começar no vigésimo oitavo dia de cada mês durante todo o período de estudo (Anexo 5).

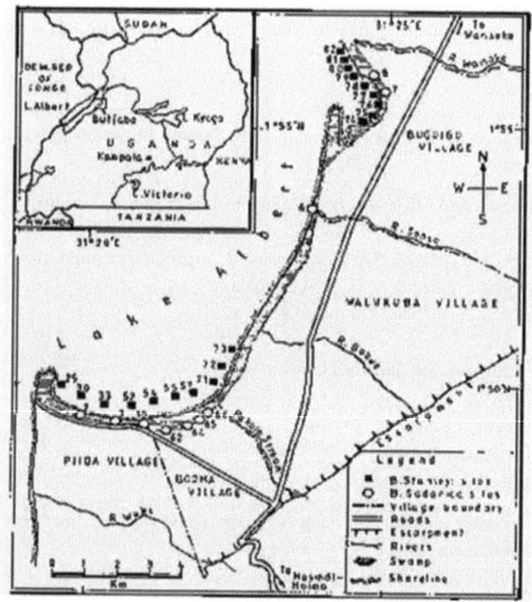

Figura 3.1: Mapa da área de estudo mostrando as quatro aldeias estudadas e a localização dos 29 sítios de amostragem de caracóis (Mapa não à escala)

Amostragem de caracóis para determinação da distribuição das espécies e das taxas de infeção

Em cada local, um homem procurava continuamente durante 30 minutos, uma vez por mês, cobrindo uma extensão de 20 metros (Anexo 4). Todo o material recolhido foi esvaziado em tabuleiros de plástico branco. Apenas as espécies de Biomphalaria (placas 8 e 9) foram seleccionadas com uma pinça comprida e transferidas para recipientes de plástico de boca larga, que foram utilizados para transportar os caracóis para o laboratório de campo. As plantas aquáticas dos locais onde os caracóis tinham sido recolhidos foram colocadas nos recipientes com os caracóis para manter a circulação do oxigénio e para os manter húmidos. No início do estudo, cada espécie de hospedeiro intermediário foi identificada através de características morfológicas externas e internas, com referência a uma chave padrão compilada pelo Danish Bilharziasis Laboratory (1984).Grupos de cinco caracóis para cada espécie foram colocados em frascos de plástico contendo 10mls de água do lago que tinha sido recolhida uma semana antes e filtrada. Os caracóis foram então expostos à luz solar indireta durante duas horas, antes de se verificar a presença de cercarias, utilizando uma lente manual XI0 e um microscópio de dissecação. Sabe-se que a eliminação de cercarias *do S. mansoni* começa dentro de uma a duas horas após a exposição dos caracóis e que toda a produção diária está completa dentro de cinco horas (Moloney e Webbe, 1983). Os caracóis que se encontravam nos frascos onde foram detectadas cercárias foram então transferidos para frascos individuais e deixados durante mais uma hora para se isolarem os caracóis que libertavam cercárias. As cercárias libertadas foram identificadas ao microscópio composto pelas suas características morfológicas externas, com referência a uma chave compilada por Frandsen e Christensen (1984). As lâminas montadas destas cercárias foram levadas para Kampala onde se tiraram fotografias com um microscópio fotográfico.

Utilizando um compasso de Vernier, todos os caracóis foram medidos e colocados em três categorias de tamanho: pequeno (<5mm), médio (5-9,9mm) e grande (10mm) para a *B. Sudanica* e pequeno (<3mm), médio (35,9mm) e grande (6mm) para a *B. Stanleyi*. Os diferentes valores de agrupamento entre as duas espécies foram obtidos durante os levantamentos da linha de base, depois de se ter observado que os adultos de *B. stanleyi* tinham um diâmetro de concha muito mais pequeno do que os de *B. sudanica* e, por conseguinte, necessitavam de valores de agrupamento de conchas diferentes. Todos os caracóis foram mais tarde retirados e dispersos nos seus locais de origem para manter o seu equilíbrio ecológico.

Determinação do padrão horário de libertação de cercárias em caracóis Biomphalaria naturalmente infectados

Uma coorte de caracóis naturalmente infectados de cada espécie de Biomphalaria foi mantida no laboratório para monitorizar os seus padrões horários de disseminação. O exercício de controlo foi efectuado durante dez dias consecutivos, das 9.00 às 18.00 horas. Quando se encontravam mais de trinta caracóis naturalmente infectados de uma determinada espécie durante um único período de amostragem, seleccionavam-se aleatoriamente dez caracóis para constituírem uma coorte para os dez dias de acompanhamento dos padrões de disseminação. Cada espécie foi tratada em ocasiões diferentes.

Utilizando tinta de desenho vermelha, os caracóis seleccionados seriam numerados de 1 a 10 para facilitar a sua identificação. Durante o processo de desfolhamento, dez garrafas de desfolhamento para cada caracol seriam etiquetadas com o número de caracol correspondente e o tempo de exposição. Os frascos são alinhados num tabuleiro de plástico branco. A água retirada do lago uma semana antes e deixada em repouso seria filtrada e utilizada para a desova dos caracóis. Todos os dez caracóis seriam expostos individualmente a partir das 9.00 horas da manhã até às 6.00 horas da tarde, diariamente. No fim da hora de desfolhamento, cada caracol seria transferido para o frasco seguinte, utilizando uma pinça de ponta romba. O conteúdo da garrafa anterior é deitado numa placa de Petri, à qual se adicionam três gotas de iodo para imobilizar e corar as cercárias. Em seguida, as cercárias são contadas ao microscópio de dissecação com a ajuda de um contador de alcatrão.

Influência de outros factores ambientais na distribuição dos caracóis

Foi utilizado um contador de água portátil que funciona com pilhas secas para efetuar medições do potencial de redução Redox, da condutividade da água, das temperaturas da água e dos valores de pH. O potencial redox foi medido em mil volts (mV), enquanto o nível de condutividade foi medido em micro Siemens (pmho). As temperaturas do ar e da água foram medidas em graus centígrados (0C). O cálcio (mg/1) e o magnésio (mg/1) foram medidos apenas duas vezes ao longo do estudo e, embora eu tenha tentado falar sobre os seus efeitos nas discussões do capítulo 6, os dados não foram suficientes para permitir a elaboração de representações gráficas para comparação dos seus efeitos na distribuição dos caracóis.

Os dados sobre a precipitação mensal, a flutuação do nível do lago e as temperaturas mínima e máxima do ar foram obtidos da estação meteorológica de Butiaba e são apresentados como médias anuais. A temperatura da água foi medida com um termómetro de máxima e mínima durante as visitas mensais de amostragem (Anexo 3). As mudanças na flora do habitat foram observadas e anotadas durante as visitas mensais. No início do estudo, a localização física de cada local de amostragem foi mapeada usando um instrumento GPS.

Caracóis em gaiolas para monitorizar o crescimento, a reprodução e a sobrevivência no habitat natural

Foram concebidos dois conjuntos de jaulas, um para *B. sudanica* em águas pouco profundas e outro para *B. stanleyi* em águas profundas, a fim de controlar os factores acima referidos. Cada conjunto incluía três pequenas jaulas dentro de uma jaula grande com uma cobertura superior de madeira e espaços abertos entre elas. Os quatro lados das jaulas grandes estavam abertos, exceto o fundo, que tinha uma base de madeira em forma de calha (placa 4). Esta era preenchida com uma camada de 5 centímetros de areia e gravilha para manter as gaiolas principais firmemente posicionadas contra os ventos fortes do Lago Albert.

Placa 1: Paisagem típica de Butiaba com o Lago Alberto ao fundo

Placa 2: Praia de Magali onde não foram encontrados caracóis em Piida, a primeira aldeia de Butiaba

Placa 3: Gaiola de flutuação para ratos na aldeia de Piida atrás do Dispensário de Butiaba

Placa 4: As pequenas gaiolas de campo instaladas na gaiola grande para os estudos de caracóis no Lago Albert

Placa 5: A gaiola de águas rasas instalada atrás do Dispensário de Butiaba

Placa 6: A gaiola de águas profundas instalada numa pequena ilha de juncos no Lago Albert

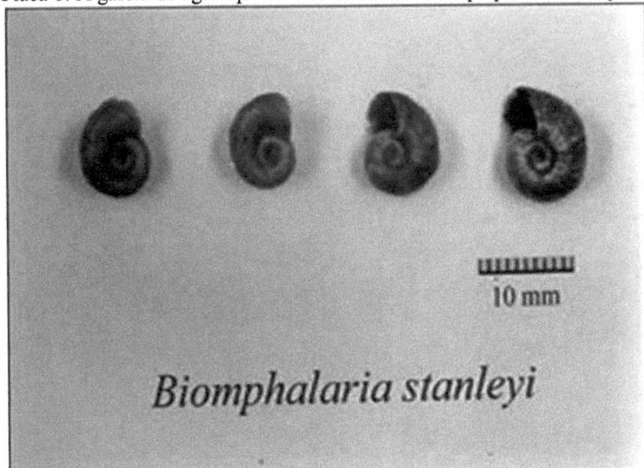

Placa 7: *Biomphalaria stanleyi* do lago Albert

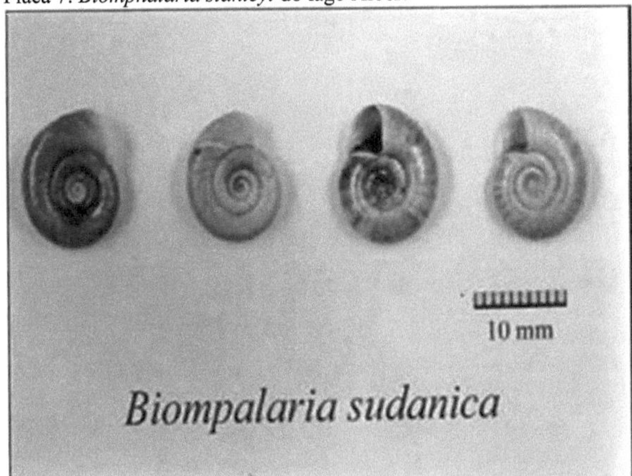

Placa 8: *Biomphalaria sudanica* do lago Albert

Placa 9: Local de amostragem típico de *Biomphalaria sudanica* da aldeia de Piida no Lago Albert

Placa 10: Local de amostragem típico de *Biomphalaria stanleyi* na aldeia de Bugoigo

Placa 11: Local de amostragem típico de *Biomphalaria stanleyi* na aldeia de Bugoigo situada não muito longe de uma herdade no Lago Albert

As pequenas gaiolas foram construídas em forma de caixa com um dos lados equipado com uma pequena dobradiça de modo a que o lado funcionasse como uma porta. A porta estava equipada com uma fechadura para manter os caracóis seguros no seu interior. Todas as pequenas jaulas estavam rodeadas por uma rede de nylon verde que permitia uma fácil circulação da água natural do lago. Cada uma das três pequenas gaiolas albergava um grupo de caracóis de tamanho diferente e estava etiquetada com um número correspondente ao grupo de caracóis que albergava (Quadro 5).

A gaiola grande de águas profundas media 120 centímetros por 105 centímetros por 60 centímetros, enquanto cada uma das gaiolas pequenas media 105 centímetros por 30 centímetros por 60 centímetros (placa 7).

A gaiola grande de águas pouco profundas media 105 centímetros por 90 centímetros por 60 centímetros, enquanto as gaiolas pequenas mediam 90 centímetros por 30 centímetros por 45 centímetros cada (placa 6).

Durante os ensaios de base, verificou-se que as espécies de Biomphalaria preferiam depositar as suas massas de ovos em objectos livres, tais como plantas aquáticas como os repolhos do Nilo (Pistia spp.) ou tiras de poliestireno. Assim, para os principais estudos de campo, colocou-se em cada gaiola pequena um pedaço de poliestireno medindo dez centímetros por cinco centímetros e duas plantas jovens de Pistia, como substratos adequados para os caracóis depositarem as suas massas de ovos.

A gaiola de águas profundas foi colocada a 500 metros da linha de costa na aldeia de Booma. O local estava abrigado de ventos fortes e da ação das ondas por canas e juncos e tinha pouca interferência de seres humanos. A gaiola de águas pouco profundas foi colocada a cinco metros da linha de costa, num local bem abrigado, atrás do dispensário de Butiaba, na aldeia de Piida. Este local também não tinha qualquer interferência de seres humanos e de outros animais. Provou-se que ambos os locais estavam isentos de qualquer transmissão de S. mansoni. Antes da introdução dos caracóis, as gaiolas foram deixadas nos seus respectivos locais durante duas semanas, para permitir o crescimento de algas, que serviriam de alimento para os caracóis.

Trinta caracóis criados em laboratório, com diâmetros de concha conhecidos para cada espécie de Biomphalaria, foram colocados em cada uma das pequenas jaulas, de acordo com os grupos de tamanhos (ver acima as gamas de tamanhos actuais). Todas as gaiolas foram retiradas uma vez por semana numa canoa para efetuar medições do diâmetro das conchas dos caracóis sobreviventes. Os números de caracóis sobreviventes e mortos foram registados separadamente. Os caracóis mortos foram retirados das jaulas durante cada visita. As massas de ovos em cada gaiola foram recolhidas e o número de ovos nelas contidos foi quantificado ao microscópio de dissecação, de acordo com os grupos de tamanho. Todos os ovos eram depois levados para os tanques do laboratório para eclosão e criação, de modo a proporcionar um fornecimento constante de caracóis experimentais. A medição dos diâmetros das conchas dos caracóis recém-eclodidos foi efectuada para ambas as espécies no laboratório e cada grupo de tamanho foi mantido separadamente antes de ser utilizado em experiências futuras.

A fim de controlar possíveis flutuações sazonais que afectam o crescimento da população, a fecundidade e a mortalidade, cada geração de caracóis nas gaiolas foi seguida durante cinco semanas e depois substituída por uma nova geração sucessiva proveniente das reservas do laboratório. Todos os dados recolhidos durante as experiências de campo foram registados em cadernos de campo. Prepararam-se quadros de resumo em folhas separadas, que foram enviados para Kampala para serem introduzidos em folhas de cálculo informáticas. Estes forneceriam uma visão rápida do que estava a acontecer antes de os dados poderem ser analisados.

Tanques de laboratório para monitorizar o crescimento, a reprodução e a sobrevivência dos caracóis

Foram efectuadas experiências semelhantes às anteriores no laboratório, utilizando tanques de plástico de quatro litros em vez de gaiolas. Cada grupo de tamanho tinha o seu próprio tanque e estes foram colocados em prateleiras de madeira no laboratório. As suas posições foram trocadas diariamente, de modo a submeter os caracóis às mesmas condições de laboratório. Um pedaço de poliestireno e duas plantas jovens de couve do Nilo foram também colocadas em cada tanque para a deposição da massa de ovos. Procedimentos semelhantes aos utilizados com os caracóis do campo foram efectuados semanalmente com os caracóis do laboratório e os dados foram codificados da mesma maneira. As colónias de caracóis de laboratório foram também seguidas durante cinco semanas antes de serem substituídas por uma nova geração de caracóis criados em laboratório. A água utilizada nos tanques de laboratório foi retirada do lago e deixada a repousar em recipientes de plástico durante uma semana antes de ser utilizada. Os caracóis de laboratório foram alimentados com alface escaldada seca.

Infecções laboratoriais dos hospedeiros intermediários

Para cada espécie de caracol, as massas de ovos recolhidas nas gaiolas de campo foram incubadas no laboratório de campo. Os caracóis eclodidos foram monitorizados de perto até atingirem os diâmetros de concha necessários para cada categoria de tamanho (ver acima as diferentes categorias de tamanho dos caracóis). Nas experiências de infeção foram utilizados cinco caracóis por categoria de tamanho para cada espécie de Biomphalaria. Isto constituiu uma coorte de quinze caracóis por espécie de Biomphalaria para esta experiência de cada vez. Cada um destes caracóis foi infetado com dez miracídios provenientes de seis amostras fecais de indivíduos infectados da aldeia de Piida que nunca tinham recebido quimioterapia.

Para incubar miracídios para estes ensaios, misturaram-se seis amostras diferentes de indivíduos reconhecidamente positivos num recipiente de plástico para amostras com uma tampa de rosca, utilizando água diclorada. A tampa de rosca foi apertada firmemente no recipiente e, em seguida, a mistura foi agitada durante cerca de dois minutos antes de ser filtrada através de camadas de gaze de tecido colocadas num funil de vidro para um frasco de concentração.

O frasco de concentração foi então completado com água desclorada e coberto completamente com um saco de polietileno preto para garantir a obscuridade. Deixou-se o balão em repouso durante 30 minutos antes de decantar o sobrenadante, deixando no fundo cerca de 1 ml de sedimento. O balão foi novamente completado com água e deixado no escuro durante o mesmo período que anteriormente.

O sedimento foi lavado mais uma vez até ficar límpido. O sedimento límpido foi vertido numa placa de Petri limpa e exposto à luz natural durante duas horas. Com a ajuda de um microscópio de dissecação e de uma pipeta fina, os miracídios eclodidos puderam então ser contados à medida que eram apanhados um a um. O número necessário de miracídios foi transferido para poços individuais do tabuleiro de infeção, onde foram colocados os caracóis a serem infectados. Os caracóis foram deixados durante uma hora para serem infectados, antes de serem transferidos para tanques de plástico marcados para observação.

Os caracóis expostos foram mantidos nos tanques do laboratório durante dezoito dias, antes de serem submetidos a uma despistagem de cercárias. Após este período, os caracóis foram expostos diariamente e qualquer caracol considerado positivo foi marcado com um número e transferido para um tanque onde só se encontravam caracóis positivos. Num determinado momento, tentou-se quantificar a libertação horária de cercárias pelos caracóis positivos. Considerou-se que os caracóis que não tinham libertado cercárias ao fim de 52 dias não tinham apanhado a infeção e, por conseguinte, foram descartados.

Infecções laboratoriais dos hospedeiros definitivos

A técnica do remo foi utilizada para infetar ratos no laboratório. A técnica envolveu a transferência do rato experimental para um copo de tamanho médio ao qual foram adicionados 20 ml de água limpa para o mergulhar até meio do abdómen. O rato era então deixado lá durante alguns minutos para defecar e urinar. Em seguida, transfere-se o rato para outro copo, ao qual se adiciona água limpa até cerca de um quarto da altura do abdómen. Utilizando uma pipeta de Pasteur com um bolbo de borracha, retiraram-se trinta cercárias de uma mistura de cercárias de seis caracóis naturalmente infectados e adicionaram-se ao copo. Em seguida, cobriu-se o copo com uma folha de vidro para evitar que o rato saltasse para fora, enquanto se deixava lá durante trinta minutos. O rato foi então transferido para uma gaiola limpa, onde foi mantido durante oito semanas antes da perfusão.

Técnica de perfusão em ratinhos

Foi utilizada uma técnica de perfusão para recuperar os esquistossomas adultos dos ratinhos infectados. O ratinho infetado foi anestesiado através de uma injeção intravenosa de 0,1 mis de solução de Nembutal. Com uma tesoura fina, fez-se uma incisão na pele a meio do abdómen. Em seguida, a pele foi retirada anterior e posteriormente, antes de se abrir o abdómen e as cavidades pleurais para expor o coração, os pulmões e as vísceras.

O rato foi fixado no suporte de perfusão e um frasco de concentração com um funil de vidro foi colocado por baixo. Encheu-se uma seringa de plástico de 50 ml com uma agulha com solução salina normal a 0,9% como solução de perfusão. A agulha foi introduzida no ventrículo esquerdo do coração depois de cortada a veia porta hepática. A solução de perfusão foi então empurrada através do sistema circulatório até que as veias mesentéricas não contivessem mais sangue.

As vísceras foram pulverizadas com mais solução de perfusão utilizando um frasco de spray para garantir que todos os vermes eram lavados para o frasco de concentração. Retirar o funil e completar o frasco de concentração com solução salina normal, deixando-o em repouso durante 30 minutos. Verteu-se o sobrenadante, deixando cerca de 1 ml, que foi vertido numa placa de Petri e examinado ao microscópio de dissecação para detetar a presença de vermes. O fígado e os intestinos foram retirados e colocados noutra placa de Petri com solução salina normal. Após trinta minutos, foram procurados outros vermes. Os vermes recuperados foram contados e registados como machos e fêmeas. Alguns destes vermes foram posteriormente corados com hematoxilina para identificação.

A flutuação dos ratos nos habitats naturais

Foram construídas quatro gaiolas de flutuação para ratos, feitas de rede metálica de grandes dimensões, com coberturas superiores feitas de folha de alumínio leve para proteger os ratos do sol e da chuva (placa 3). Cada gaiola estava dividida em dois compartimentos separados por uma folha de alumínio. O compartimento inferior que continha os ratinhos tinha 5 cm de altura. Foram colocados flutuadores de poliestireno nos dois lados de cada gaiola, de modo a que a profundidade da água no compartimento inferior fosse de cerca de meio centímetro.

Em cada um dos locais escolhidos, em função da intensidade das actividades de contacto humano com a água, uma gaiola contendo cinco ratinhos fêmeas de um mês de idade foi posta a flutuar durante trinta minutos, entre as 10h00 e as 10h30. Uma outra gaiola contendo o mesmo número de ratos foi flutuada simultaneamente a vinte metros de distância da primeira gaiola. As gaiolas foram fixadas por um fio de nylon comprido que estava preso na vegetação em locais de águas profundas ou por um poste empurrado no solo em locais de águas pouco profundas. Após trinta minutos, os ratos flutuados foram transferidos para o compartimento superior para secarem antes de serem levados de volta para o biotério.

Todos os ratos experimentais foram mantidos em gaiolas de plástico com tampas metálicas que incorporavam funis de comida e uma garrafa de água para fornecer comida e água no biotério. Foi adicionado pó de serra a cada gaiola para fornecer aos ratos uma cama quente. O pó de serra era mudado uma vez por semana, quando as gaiolas eram lavadas e secas antes de os ratos voltarem para elas. Os ratinhos expostos foram mantidos durante oito semanas antes da perfusão para recuperar os Schistosomas adultos.

A flutuação dos caracóis sentinela nos habitats naturais

Foram feitas quatro gaiolas de flutuação para caracóis sentinela com uma rede de arame de peneira de cozinha de um milímetro. Cada gaiola media 45 cm por 30 cm por 20 cm e estava equipada com flutuadores de poliestireno para a manter a vinte e dois centímetros na água. Uma vez por mês, 30 caracóis de cada espécie, criados em laboratório, com diâmetros de concha de tamanho médio a grande, foram postos a flutuar nos locais escolhidos, durante duas horas, entre as 12 e as 14 horas.

No fim do período de flutuação, os caracóis foram colocados em tanques de laboratório separados e mantidos durante dezoito dias antes de serem expostos para a eliminação das cercárias. Durante a primeira semana, os caracóis foram expostos diariamente e, depois disso, foram expostos uma vez por semana. Os caracóis que não libertaram cercárias após cinquenta e dois dias a partir do momento da flutuação foram considerados como não tendo apanhado qualquer infeção.

Cálculo dos parâmetros da tabela de vida para as curvas de crescimento das espécies de Biomphalaria

Apesar de se terem efectuado, no total, vinte e quatro ensaios ou execuções diferentes para o cálculo das tabelas de vida para cada espécie, tanto no campo como no laboratório, apenas o primeiro conjunto de resultados é apresentado a seguir, porque os restantes resultados foram todos semelhantes. Os dados utilizados para calcular as tabelas de vida foram obtidos a partir das experiências de medições semanais do diâmetro das conchas dos caracóis enjaulados, no campo e no laboratório.

A proporção de caracóis que sobreviveram durante cada quinzena para cada espécie foi registada na coluna (lx). O número médio de ovos produzidos por caracol durante o mesmo período foi registado na coluna (mx). A contribuição quinzenal de cada grupo etário para o grupo seguinte foi derivada do produto da soma dos valores das taxas semanais de sobrevivência e de reprodução. Este valor foi designado por (Ro) e representa a taxa líquida de reprodução. A taxa intrínseca de crescimento natural, representada por (r), foi determinada com base nas taxas de sobrevivência e de reprodução dos caracóis, tal como foi demonstrado numa série de estudos anteriores (Webbe, 1962a; Shiff, 1964; Sturrock, 1973b; O'Keef, 1985a, b).

A taxa intrínseca de crescimento natural (r) foi então calculada utilizando o teorema de Slobodkin da distribuição etária estável (Slobodkin, 1961) por tentativa e erro, substituindo-o pela seguinte fórmula -

Σlxmxe-rx= 1,0

Em que lx = proporção de caracóis que sobrevivem a cada idade sucessiva x.Σ

mx = número médio de ovos produzidos por caracol durante cada intervalo de tempo sucessivo.

e = base dos logaritmos naturais, r = taxa intrínseca de crescimento natural.

A taxa líquida de reprodução (Ro) e a taxa finita de crescimento (R) também tiveram que ser calculadas antes de se chegar ao tempo médio de geração (MGT) para o crescimento do caracol.

Foi criado um modelo para facilitar o cálculo rápido dos parâmetros acima referidos, com base nos dados de campo e de laboratório, utilizando o programa informático Excel, tendo cada parâmetro sido calculado da seguinte forma -

a) A taxa líquida de reprodução (Ro) = Σlxmx.

b) A taxa intrínseca de crescimento natural (r) de Σlxmxe-rx = 1.

c) A taxa finita de aumento (R) de R = er onde e = a base dos logaritmos naturais.

d) O tempo médio de geração em quinzenas (MGT) = logRo/logR (modelo para facilitar os cálculos no apêndice 2).

Análise estatística

No caso de dados numéricos contínuos, as contagens de caracóis foram transformadas em log 10 (x + 1) para normalizar a sua distribuição e variância (Sturrock, 1975) antes de comparar os seus valores médios através de uma análise de variância (ANOVA). Os dados relativos ao total de recolhas de caracóis e às taxas de infeção por trematódeos humanos e não humanos foram agregados de acordo com os meses, para os três anos, a fim de se obterem gráficos e tabelas. O teste do $\chi2$ de Mantel - Haenszel, utilizando tabelas de contingência 2x2, foi efectuado para as espécies de caracóis, a fim de testar a existência de diferenças significativas nas taxas de infeção por trematódeos humanos e não humanos entre os grupos de tamanho dos caracóis e as aldeias.

Foi efectuada uma análise de regressão multivariada sobre as contagens médias de caracóis transformadas em logaritmos em relação a outros factores, a fim de mostrar os principais factores determinantes da sua distribuição no ambiente natural. Foi também efectuada uma análise de correlação bivariada entre as colecções médias totais de caracóis para cada espécie e os factores ambientais e químicos, utilizando o coeficiente de correlação de Pearson, para verificar se existia alguma correlação entre eles.

Considerações éticas

O estudo foi realizado no âmbito do Programa Nacional de Controlo da Esquistossomose e dos requisitos normalizados do Conselho Nacional de Investigação, após a sua autorização por escrito. O estudo foi também aprovado e supervisionado de perto pela faculdade de estudos pós-graduados da Universidade de Makerere. Através dos conselhos de aldeia existentes e das sessões de educação para a saúde planeadas pelos estudos de morbilidade e imunológicos em curso, as comunidades da área de estudo foram informadas dos objectivos do estudo e foi-lhes pedido que cooperassem com o investigador principal, guardando em segurança quaisquer equipamentos que fossem colocados no lago para fins experimentais.

Obteve-se o consentimento informado de alguns membros da comunidade que forneceram amostras de fezes ara a infeção de caracóis de laboratório e que, posteriormente, foram tratados gratuitamente contra a doença pela enfermeira do projeto. Para além dos técnicos de laboratório e de um motorista, todo o restante pessoal de campo foi recrutado na área de estudo. No final do estudo, os organismos competentes serão informados dos resultados através do Ministério da Saúde e do Diretor dos Serviços Médicos do Distrito de Masindi. As cópias da tese final serão depositadas nas bibliotecas da Universidade de Makerere, na Divisão de Controlo de Vectores e no Laboratório Dinamarquês de Bilharzíase em Copenhaga.

Limitações do estudo

A falta de fundos operacionais e de transporte constituiu um grande obstáculo às constantes operações de campo. As jaulas para caracóis foram vandalizadas em muitas ocasiões por pessoas que pensavam que elas eram armadilhas para peixes.

A construção constante de novas gaiolas revelou-se muito dispendiosa para nós. Outro problema eram os ventos fortes e as ondas do Lago Albert que, em muitas ocasiões, também destruíram as gaiolas.

A amostragem de caracóis proposta com uma draga não produziu resultados positivos, assim como os aparelhos de cercariometria, pelo que tiveram de ser abandonados no início do estudo. A utilização de uma canoa de borracha limitou as nossas deslocações de um local para outro do lago e, por isso, tivemos de passar mais dias a amostrar antes de podermos terminar todos os locais durante as visitas mensais. Em algumas ocasiões, as nossas colónias de ratos foram destruídas por gatos selvagens.

CAPÍTULO 4

Resultados dos estudos de campo A distribuição de Biomphalaria stanleyi no lago Albert

Como se pode ver na figura 4.1,7?. *stanleyi* foi recolhido durante todo o período de estudo e cada ano constituiu o seu próprio bloco de distribuição. O pico mais elevado das densidades médias de caracóis foi registado no primeiro bloco, entre março e maio de 2000. Não se registaram picos reconhecíveis nas densidades médias de caracóis nos dois blocos seguintes. A distribuição assumiu mais ou menos um padrão anual do que sazonal, embora o efeito da sazonalidade sobre as densidades de caracóis fosse evidente em alguns meses.

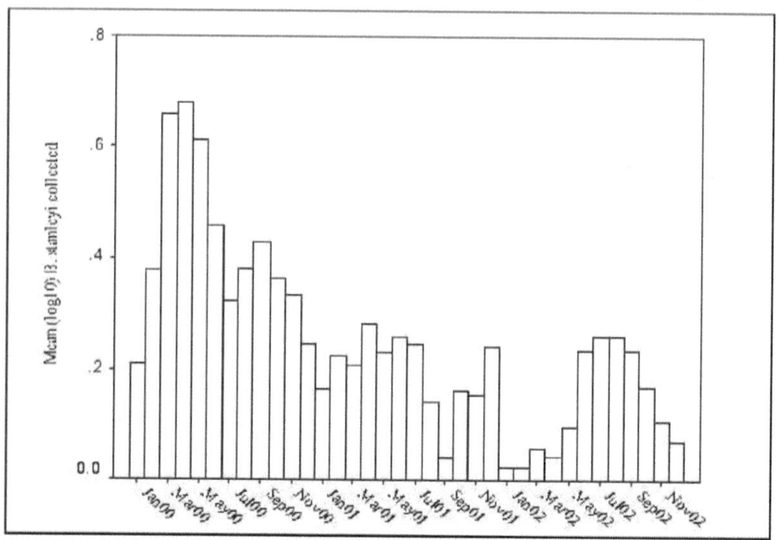

Fig. 4.1: A distribuição de *Biomphalaria stanleyi* recolhida em 19 locais de lago entre janeiro de 2000 e dezembro de 2002

Distribuição de Biomphalaria stanleyi de acordo com os grupos de tamanho

O quadro 4.1 mostra a distribuição dos caracóis recolhidos durante o período de estudo de acordo com os seus grupos de tamanho. A maior parte dos caracóis recolhidos pertenciam ao grupo de tamanho grande e ao grupo de tamanho médio, respetivamente. Os mesmos grupos de tamanho foram responsáveis pelas taxas mais elevadas de infeção com trematódes humanos e não humanos. O grupo de tamanho pequeno teve o menor número de colecções de caracóis e as taxas mais baixas de infeção por trematódeos humanos e não humanos.

Uma comparação das colecções médias de caracóis entre os grupos de tamanho de *B. stanleyi* mostrou que todas as médias eram altamente significativas, P< 0,001 (F= 58,94) e, por conseguinte, foram consideradas como não sendo iguais. Isto indica que existe uma heterogeneidade significativa entre as médias dos três grupos de tamanho de caracóis (ver acima os grupos de tamanho de *B. stanleyi*). Uma análise das diferenças entre as médias dos grupos mostrou que o número médio de caracóis do grupo de tamanho um era significativamente diferente do número médio de caracóis dos grupos de tamanho dois e três, P< 0,001. O tamanho dos caracóis do grupo dois e três não diferiu significativamente (P = 0,206).

Tabela 4.1: Total de *Biomphalaria stanleyi* recolhidos e respectivas taxas de infeção com tremátodes humanos e não humanos, de acordo com os grupos de tamanho, de 2000 a 2002

Size Groups	Number collected	Number HC	Infection rate	Number NHC	Infection rate
< 3mm	1173	19	1.6	4	0.3
3-.9mm	8098	278	3.4	222	2.7
≥ 6mm	12444	652	5.2	550	4.4

A distribuição de *Biomphalaria stanleyi* segundo as aldeias

O Quadro 4.2 mostra o número total de caracóis recolhidos e o seu estado de infeção com trematódeos humanos e não humanos, segundo as aldeias. Verifica-se que Booma teve as maiores colecções de caracóis mas a taxa mais baixa de infeção por trematódeos humanos e, em geral, uma taxa mais baixa de infeção por trematódeos não humanos. Piida tinha a segunda maior coleção de caracóis e a taxa mais elevada de infeção por trematódeos humanos, mas a taxa mais baixa de infeção por trematódeos não humanos.

A aldeia de Bugoigo, com a terceira maior coleção de caracóis, tinha a segunda maior taxa de infeção por trematódes humanos e a maior taxa de infeção por trematódes não humanos. Walukuba tinha as colecções de caracóis mais baixas, mas com a terceira taxa mais elevada de infeção por trematódeos humanos e uma taxa geralmente baixa de infeção por trematódeos não humanos.

Tabela 4.2: Total de *Biomphalaria stanleyi* recolhidos e respectivas taxas de infeção com trematódes humanos e não humanos de acordo com as quatro aldeias de 2000 a 2002

Name of the village	Number collected	Number HC	Number Negative HC	Infection rate HC	Number NHC	Number Negative NHC	Infection rate NHC
Piida	6785	498	6287	7.3	46	6739	0.7
Booma	8027	49	7978	0.6	113	7914	1.4
Walukuba	1619	43	1576	2.7	26	1593	1.6
Bugoigo	5284	359	4925	6.8	591	4693	11.2

Taxas mensais de infeção por tremátodes humanos

As taxas mensais de infeção com tremátodes humanos entre *B. stanleyi* são apresentadas na figura 4.2. Nos primeiros dois meses do estudo não se registaram infecções com tremátodes humanos. A partir de março de 2000, registaram-se taxas de infeção baixas, que aumentaram gradualmente até ao final do ano. O segundo ano começou com um pequeno pico de infeção, mas foi diminuindo à medida que o ano avançava. Em setembro e outubro de 2001 não se registaram infecções, mas em novembro e dezembro de 2001 registou-se o pico mais elevado de infeção por tremátodes humanos em todo o período de estudo. Nos primeiros seis meses de 2002 não se registaram quaisquer infecções. Foram registadas infecções intermitentes em julho, setembro, novembro e dezembro.

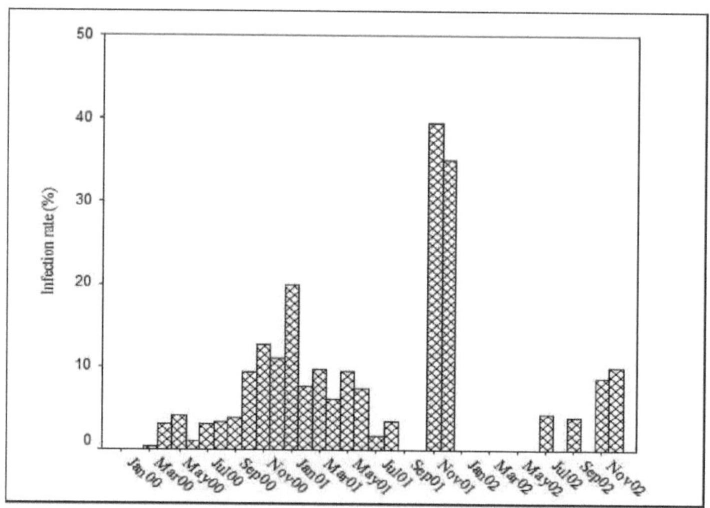

Table 4.2:   O padrão de transmissão de *Schistosoma mansoni* por *Biomphalaria stanleyi* de 20002002

Taxas mensais de infeção por tremátodes não humanos

Como mostra a figura 4.3, as taxas de infeção por tremátodes não humanos entre *B. stanleyi* foram bastante elevadas no início do estudo e a meio. Durante a última parte do estudo, as taxas de infeção foram extremamente baixas e dispersas ao longo de três meses em 2002.

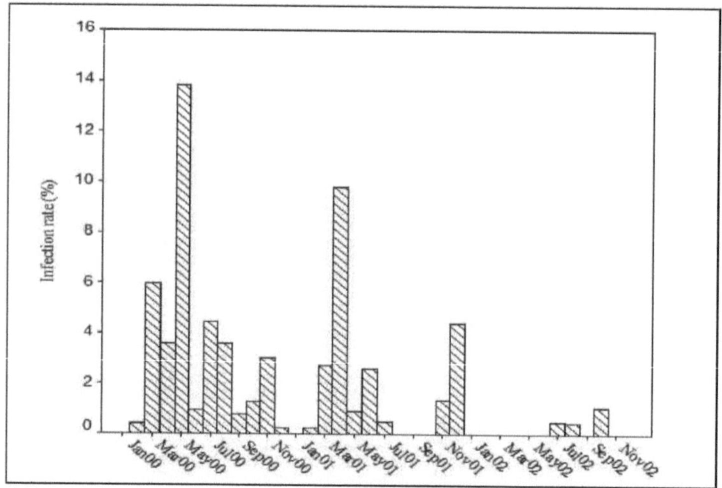

Table 4.3:   Padrão de transmissão de tremátodes não humanos por *Biomphalaria stanleyi* de 2000 a 2002

Distribuição de *Biomphalaria sudanica* no lago Albert

Como mostra a figura 4.4, *a B. sudanica* também foi recolhida durante todo o período de estudo, formando

34

:ada ano o seu próprio bloco de distribuição. Contrariamente ao que os resultados anteriores mostraram em ⊾elação a *B. stanleyi, no* caso de *B. sudanica,* registou-se um pico acentuado no último bloco e os dois primeiros ⊾locos não registaram tais picos. A distribuição assumiu, mais uma vez, um padrão anual e não sazonal, mas ⊃ efeito da sazonalidade na distribuição dos caracóis pode ser observado ao longo de vários meses.

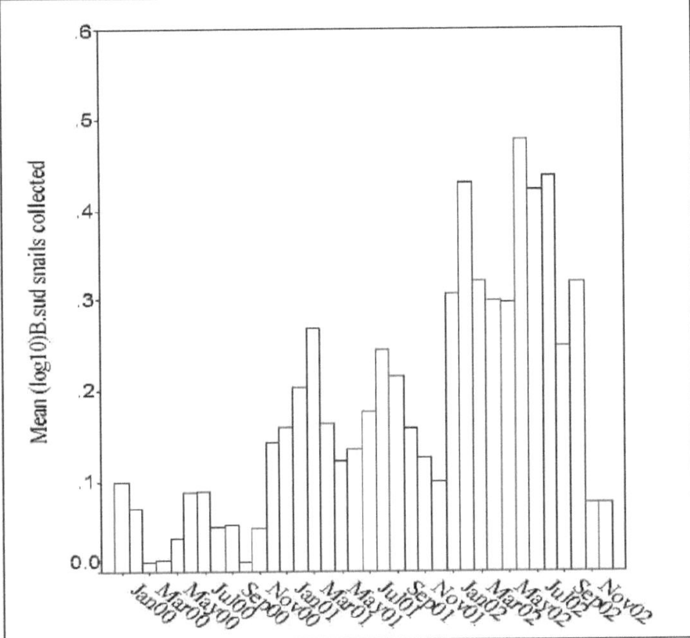

Fig. 4.4: Distribuição de *Biomphalaria sudanica* recolhida em 10 locais da costa de janeiro de 2000 a dezembro de 2002

Distribuição de *Biomphalaria sudanica* de acordo com os grupos de tamanho

Table 4.4: mostra que a maior parte dos *B. sudanica* recolhidos pertenciam ao grupo de tamanho médio, mas o grupo de tamanho grande registou as taxas mais elevadas de infecções com tremátodes humanos e não humanos. O grupo de tamanho pequeno registou as colecções de caracóis mais baixas, sem infecções por tremátodes humanos e com a taxa mais baixa de infecções por tremátodes não humanos.

Uma comparação das colecções médias de caracóis entre os grupos de tamanho de *B. sudanica* mostrou que os valores médios tinham uma diferença altamente significativa, (P< 0,001 (F= 27,71) e, por conseguinte, não podiam também ser considerados iguais. Isto indica que existe uma heterogeneidade significativa entre as médias dos três grupos de tamanho de caracóis (ver acima os grupos de tamanho de *B. sudanica'*).

A análise das diferenças entre as médias dos grupos mostrou que existe uma diferença muito significativa entre as médias dos grupos um e dois (P<0,001). Verificou-se também uma diferença significativa entre as médias do grupo um e do grupo três, embora inferior à do primeiro conjunto (P< 0,01). As diferenças de médias entre os grupos dois e três também foram altamente significativas (P< 0,001).

Como se pode ver no quadro 4.4, os números mais elevados de *B. sudanica* foram registados em Piida, seguido de Bugoigo, Booma e Walukuba, respetivamente. A taxa de infeção mais elevada de 4,8% com tremátodes humanos foi registada também em Piida, seguida de Bugoigo com 4,6% e Booma com 0,4%. Não foram registadas infecções em Walukuba. Em relação aos tremátodes não humanos, Bugoigo registou uma taxa de infeção de 6,0%, enquanto Piida e Booma registaram a mesma taxa de 4,8% cada. Walukuba registou a taxa de infeção mais baixa, de 1,2%.

Tabela 4.3: Total de *Biomphalaria sudanica* recolhidos e respectivas taxas de infeção com tremátodes humanos e não humanos, de acordo com os grupos de tamanho, de 2000 a 2002

Size Groups	Number collected	Number with human trematodes	Infection rate	Number with non-human trematodes	Infection rate
< 5mm	1025	0	0	4	0.4
5-9.9mm	4968	170	3.4	185	3.7
≥ 10mm	2459	126	5.1	237	9.6

Distribuição de *Biomphalaria sudanica* de acordo com as aldeias

Tabela 4.4: Total de *Biomphalaria sudanica* recolhidos e respectivas taxas de infeção com trematódeos humanos e não humanos de acordo com as quatro aldeias de 2000 a 2002

Name of the village	Number collected	Number HC	Number Negative HC	Infection rate HC	Number NHC	Number Negative NHC	Infection rate NHC
Piida	3709	178	3531	4.8	179	3530	4.8
Booma	2055	7	2050	0.3	98	1960	4.8
Walukuba	260	0	260	0	3	257	1.2
Bugoigo	2428	111	2317	4.6	146	2282	6.0

As taxas de infeção com trematódeos humanos

Na figura 4.5, mostra-se que *a B. sudanica* não registou infecções com tremátodes humanos durante os primeiros oito meses do estudo. A taxa de infeção mais elevada (24%) foi registada no final do segundo ano e foram registadas taxas de infeção baixas durante a maior parte da última parte do estudo.

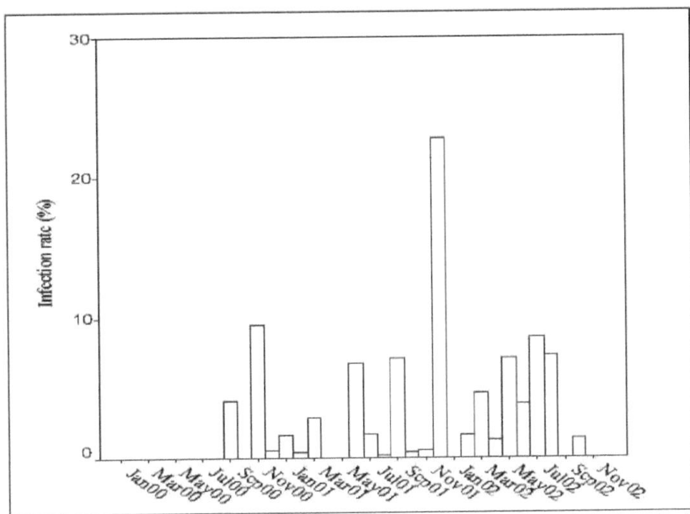

Figura 4.5: Padrão de transmissão de *Schistosoma mansoni* por *Biomphalaria sudanica* de 2000 a 2002

As taxas de infeção por tremátodes não humanos

Como se mostra na figura 4.6, as taxas de infeção com tremátodes não humanos entre a *B. sudanica* atingiram o seu pico no início do primeiro trimestre do estudo. Foram registadas taxas de infeção médias durante a maior parte do período de estudo, com grandes variações no final.

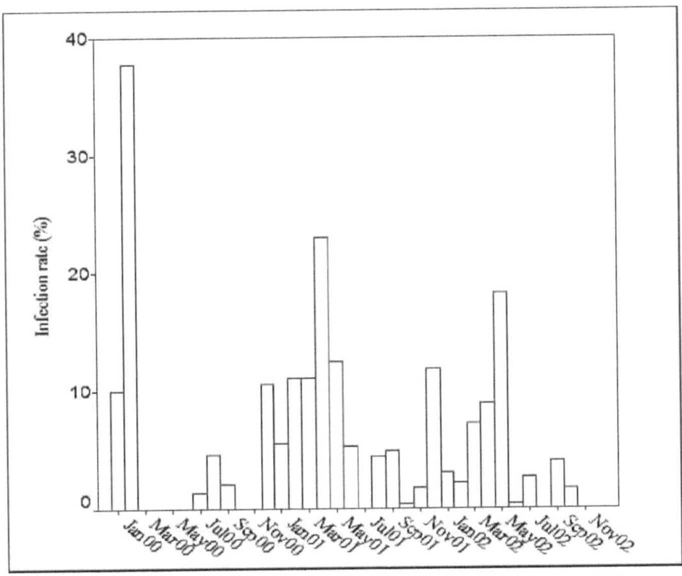

Figura 4.6: Padrão de transmissão de tremátodes não humanos por *Biomphalaria sudanica* de 2000 a 2002

Comparação das taxas de infeção por tremátodes humanos e não humanos entre as duas espécies de caracóis Taxas anuais de infeção por tremátodes humanos (2000 - 2002)

A análise do qui-quadrado das taxas anuais de infeção por tremátodes humanos entre as duas espécies é apresentada no quadro 4.5. Verificou-se uma diferença significativa nas taxas de infeção entre *B. stanleyi* e *B. sudanica* no primeiro e terceiro anos, (P< 0,001 (χ2 m-H = 53,56 e 72,19). No segundo ano, as taxas de infeção não foram significativamente diferentes, (P= 0,460 (χ2 m-H = 0,55). Contudo, em termos globais, verificou-se uma diferença significativa nas taxas de infeção entre as duas espécies de caracóis, (P< 0,01 (χ2 m-H = 7,19).

Tabela 4.5: Comparação das taxas anuais de infeção com tremátodes humanos entre *Biomphalaria stanleyi* e *Biomphalaria sudanica* utilizando o teste de Mantel - Haenszel χ^2

Year	Biomphalaria stanleyi		Biomphalaria sudanica		χ^2 and Pvalues
	+	-	+	-	
2000	396	12938	47	501	χ^2 = 53.56 P< 0.001
2001	347	5703	191	2931	χ^2 = 0.55 P = 0.4603
2002	206	2125	188	4597	χ^2= 72.19 P< 0.001
SUMMARY					χ^2 = 7.19 P< 0.01

Taxas anuais de infeção por tremátodes não humanos (2000 - 2002)

A análise das taxas de infeção por tremátodes não humanos entre as duas espécies é apresentada no quadro 4.6. A diferença nas taxas de infeção entre as duas espécies no primeiro e segundo anos foi altamente significativa, P< 0,001 (χ^2_{m-H} = 168,72 e 13,05), mas não no terceiro ano, (P= 0,639 (χ^2_{m-H} = 0,22) e mesmo a diferença global nas taxas de infeção não foi significativa, (P= 0,565 (χ^2_{m-H} = 0,33).

Tabela 4.6: Comparação das taxas anuais de infeção por tremátodes não humanos entre *Biomphalaria stanleyi* e *Biomphalaria sudanica* utilizando o teste de Mantel - Haenszel χ^2

Year	Biomphalaria stanleyi		Biomphalaria sudanica		χ^2 and Pvalues
	+	-	+	-	
2000	182	13152	47	501	$\chi^2 = 168.72$ P< 0.001
2001	497	5553	191	2931	$\chi^2 = 13.05$ P< 0.001
2002	97	2234	188	4597	$\chi^2 = 0.22$ P = 0.639
SUMMARY					$\chi^2 = 0.33$ P = 0.565

Taxas de infeção por tremátodes humanos segundo as aldeias

A análise das taxas de infeção por tremátodes humanos entre as duas espécies, de acordo com as aldeias, é apresentada na tabela 4.7. Houve uma diferença significativa nas taxas de infeção entre Piida, (P< 0,001 (χ^2_{m-H} = 25,68), Walukuba, (P< 0,01 (χ^2_{m-H} = 7,06) e Bugoigo, (P< 0,001 (χ^2_{m-H} = 14,36) mas não Booma, (P = 0,233 (χ^2_{m-H} = 1,43). No entanto, em geral, houve uma diferença significativa nas taxas de infeção entre as quatro aldeias, (P< 0,001 ($\chi2_{m-H}$ = 45,05).

Tabela 4.7: Comparação das taxas de infeção por trematódeos humanos entre *B. stanleyi* e *B. sudanica* de acordo com as quatro aldeias, utilizando o teste de Mantel - Haenszel χ^2

Village	Biomphalaria stanleyi		Biomphalari a sudanica		χ^2 and P-values
	+	-	+	-	
Piida	498	6287	178	3531	$\chi^2 = 25.68$ P< 0.001
Booma	49	7978	8	2050	$\chi^2 = 1.43$
					P= 0.233

Walukub a	43	1576	0	260	$\chi^2 = 7.06$ P< 0.01
Bugoigo	359	4925	111	2317	$\chi^2 = 14.36$ P< 0.001
SUMMARY					$\chi^2 = 45.05$ P< 0.001

As taxas de infeção por trematódeos não humanos nas aldeias

A análise das taxas de infeção por tremátodes não humanos entre as duas espécies, de acordo com as aldeias, é apresentada na tabela 4.8. A diferença nas taxas de infeção foi altamente significativa entre Piida,(P< 0,001 (χ^2_{m-H} = 196,65), Booma, (P< 0,001 (χ^2_{m-H} = 89,96) e Bugoigo, (P< 0,001 (χ^2_{m-H} = 51,48) mas não Walukuba, (P = 0,583 (χ^2_{m-H} = 0,30). Em geral, houve uma diferença significativa nas taxas de infeção por trematódeos humanos entre todas as aldeias, (P< 0,001 (χ^2_{m-H} = 19,35).

Tabela 4.8: Comparação das taxas anuais de infeção por tremátodes não humanos entre *B. stanleyi* e *B. sudanica* de acordo com as quatro aldeias, utilizando o teste de Mantel - Haenszel χ^2

Village	Biomphalaria stanleyi		Biomphalaria sudanica		χ^2 and P-values
	+	-	+	-	
Piida	46	6739	179	3530	$\chi^2 =$ 196.65 P< 0.001
Booma	113	7914	98	1960	$\chi^2 = 89.96$ P< 0.001
Walukuba	26	1593	3	257	$\chi^2 = 0.30$ P= 0.583
Bugoigo	591	4693	146	2282	$\chi^2 = 51.48$ P< 0.001
SUMMARY					$\chi^2 = 19.35$ P< 0.001

A flutuação do nível do lago e o padrão de precipitação

Como se pode ver na figura 4.7, cada parâmetro comportou-se de forma independente e, por conseguinte, não houve uma relação clara entre eles. O nível médio do lago oscilou entre 110 cm e 270 cm, enquanto a precipitação média oscilou entre 0 e 189 cm.

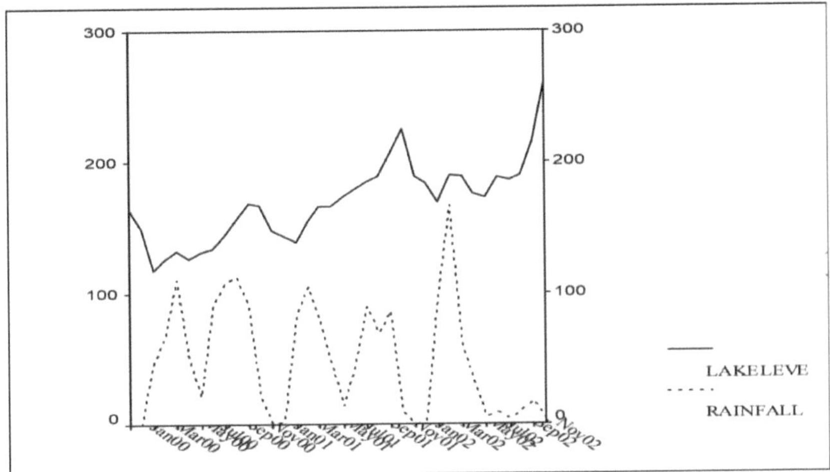

Figura 4.7: O nível do lago e os padrões de queda de chuva de 2000-2002

Flutuação da temperatura do ar de acordo com o tipo de local em 2000-2001

Como mostra a figura 4.8, houve alguma semelhança nos padrões de temperatura do ar entre os dois tipos de sítios, embora o impacto das alterações sazonais na temperatura do ar tenha sido difícil de determinar. As temperaturas do ar mais elevadas foram registadas entre janeiro e maio de 2001. As temperaturas do ar mais baixas foram registadas em julho de 2000 para o tipo de sítio lacustre e em setembro de 2001 para o tipo de sítio costeiro.

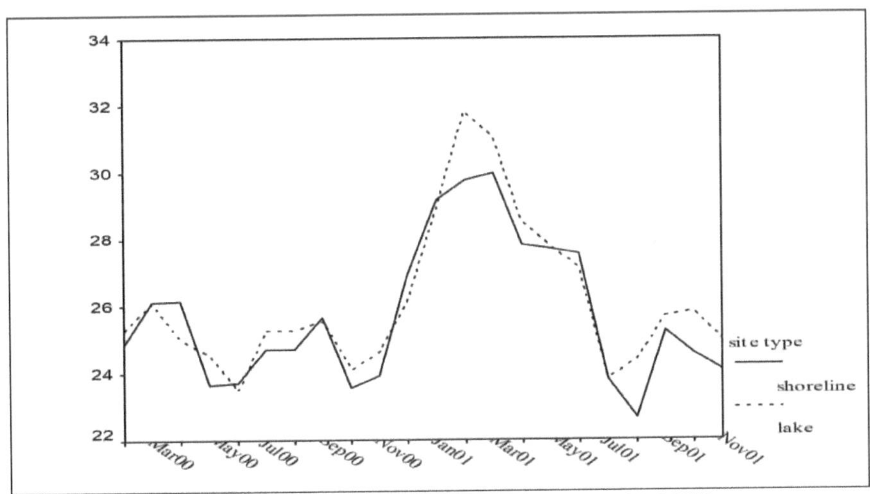

Figura 4.8: Flutuação da temperatura do ar de acordo com o tipo de sítio em 2000-2001

Flutuação dos valores de pH em função do tipo de sítio no lago Albert em 2000-2001

Como mostra a figura 4.9, a flutuação dos valores de pH em função dos tipos de sítios apresentou um padrão mais ou menos semelhante em 2000, mas com valores mais baixos na orla costeira. No início de 2001, o

41

padrão na orla costeira era bastante irregular, em comparação com o do tipo de sítio lacustre, e assim se manteve durante todo o ano. O valor mais baixo foi registado na linha de costa em janeiro de 2001 e o valor mais elevado foi registado no mesmo local em dezembro de 2001.

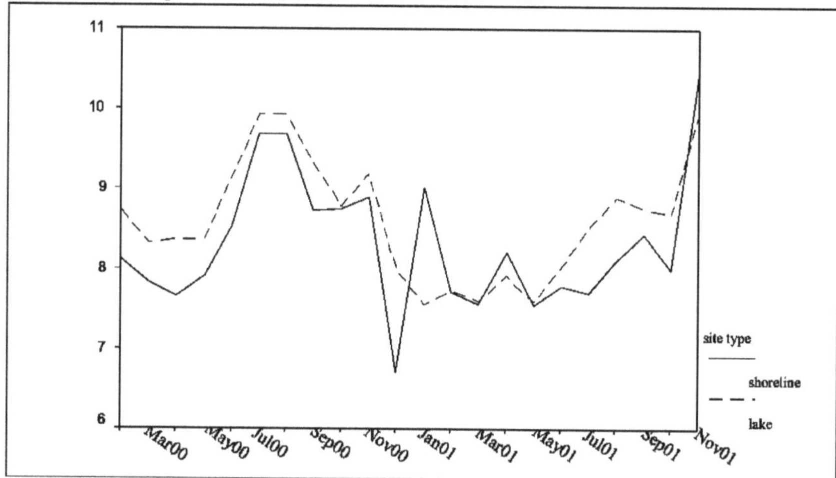

Figura 4.9: Flutuação dos valores de pH de acordo com o tipo de sítio em 2000-2001

Padrões de condutividade da água de acordo com o tipo de sítio em 2000-2001

Como mostra a figura 4.10, a condutividade da água assumiu três padrões distintos de média, baixa e alta em ambos os tipos de sítios. As condições médias foram registadas durante a maior parte de 2000 e as condições baixas foram registadas durante a última parte de 2000 até julho de 2001. O resto do ano registou condições de elevada condutividade da água.

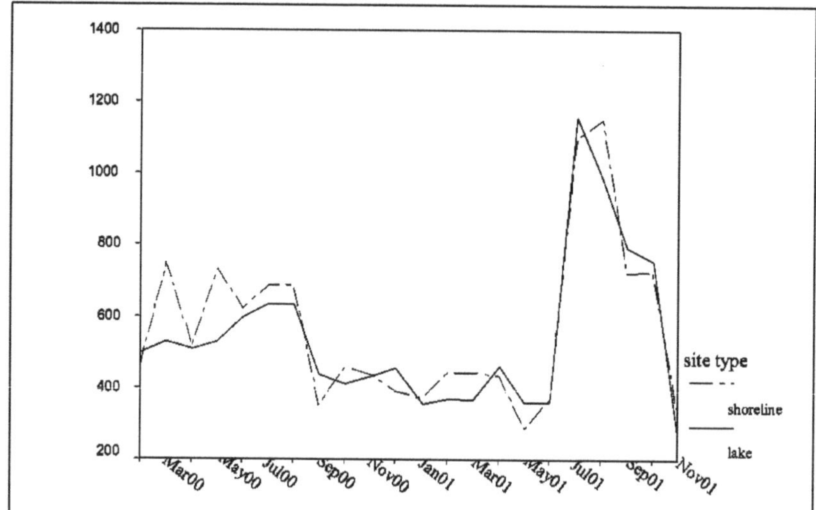

Figura 4.10: Padrões de condutividade da água de acordo com o tipo de sítio em 2000-2001

Padrões de circulação do oxigénio de acordo com o tipo de sítio em 2000-2001

Como mostra a figura 4.11, a circulação de oxigénio entre os dois tipos de locais seguiu um padrão

42

semelhante, com poucas variações de mês para mês durante 2000, quando os valores médios foram todos inferiores a 200mV. A partir de abril de 2001, foram registados valores elevados de circulação de oxigénio superiores a 200mV durante a maior parte dos meses, exceto em agosto, quando se registou uma descida súbita.

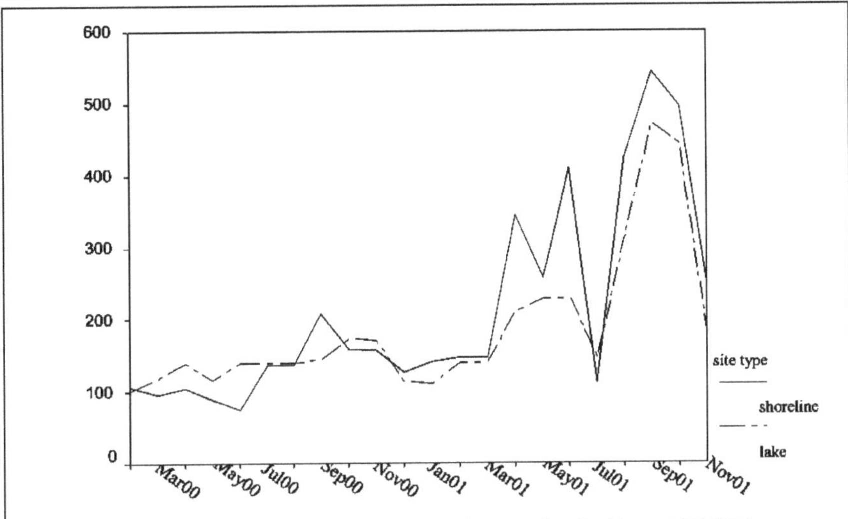

Figura 4.11: Flutuação da circulação de oxigénio de acordo com o tipo de sítio em 2000-2001

O efeito do nível do lago na distribuição de *Biomphalaria stanleyi* de 2000 a 2002

A figura 4.12 mostra que as densidades mais elevadas de *B. stanleyi* foram registadas quando o nível do lago estava no seu nível mais baixo. O aumento do nível do lago parece ter um efeito negativo sobre as densidades populacionais. Verificou-se uma correlação negativa entre a coleção média total de *B. stanleyi* (coeficiente de correlação de Pearson = - 0,705) e o nível do lago. Esta correlação foi altamente significativa (P<0,001). Isto implica que sempre que o nível da lagoa era elevado, eram recolhidos poucos caracóis desta espécie.

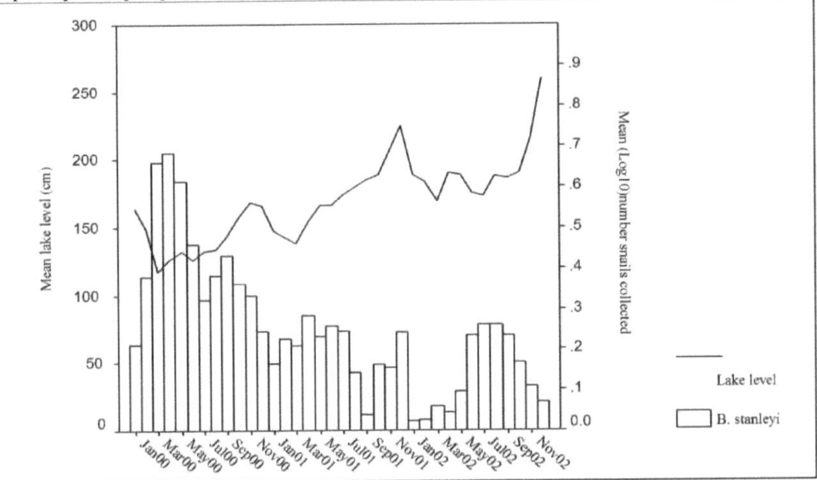

Figura 4.12: O efeito da flutuação do nível do lago na distribuição de *Biomphalaria stanleyi* de 2000-2002

O efeito do nível do lago na distribuição de *Biomphalaria sudanica* no lago Albert de 2000 a 2002

Como mostra a figura 4.13, a diminuição do nível do lago não favoreceu um aumento das densidades de *B. sudanica*. Embora o aumento do nível da lagoa pareça ter contribuído para a renovação das densidades de caracóis, o efeito real demorou algum tempo a fazer-se sentir. As colecções médias de *B. sudanica* recolhidas estavam positivamente correlacionadas com o nível do lago (coeficiente de correlação de Pearson = 0,297), embora a correlação não fosse estatisticamente significativa (P = 0,079).

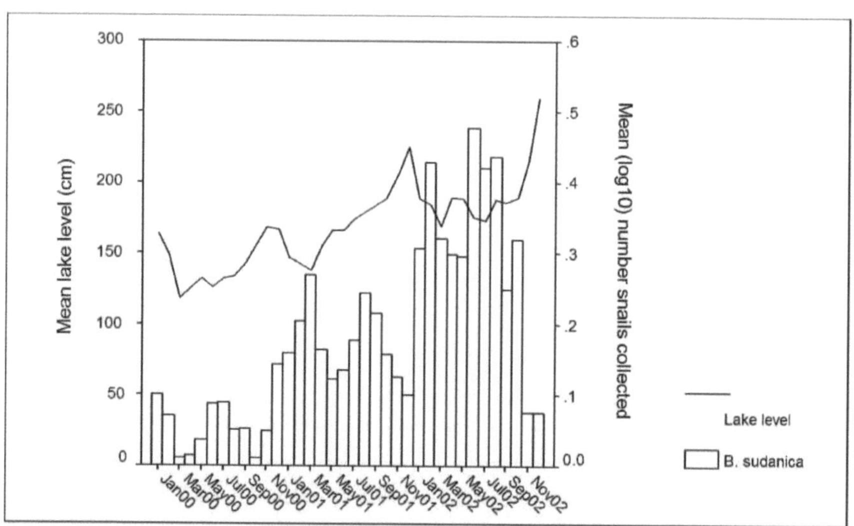

Figura 4.13: O efeito da flutuação do nível do lago na distribuição de *Biomphalaria sudanica* de 2000-2002

O efeito da precipitação local na distribuição de *Biomphalaria stanleyi* de 2000 a 2002

Como mostra a figura 4.14, o número médio de *B. stanleyi* recolhido foi positivamente correlacionado com a precipitação média local (coeficiente de correlação de Pearson = 0,297), mas esta correlação não foi significativa (P = 0,327). Isto implica que a precipitação local teve muito pouca influência sobre as densidades médias de *B. stanleyi* no lago Albert.

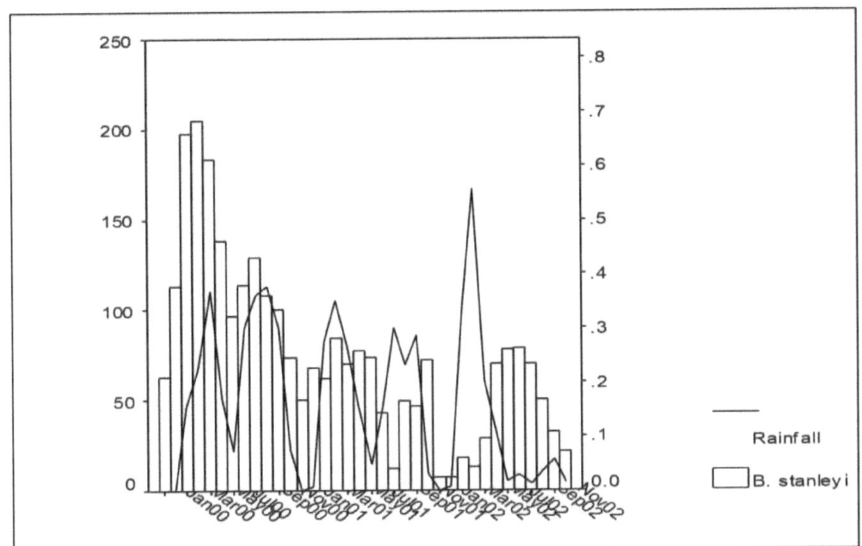

Figura 4.14: Efeito da precipitação local na distribuição *de Biomphalaria stanleyi* em 20002002

O efeito da precipitação local na distribuição de *Biomphalaria sudanica* de 2000 a 2002

A figura 4.15 também não mostra qualquer efeito marcado da precipitação local na distribuição de *B. sudanica*. O aumento das densidades de caracóis no final do terceiro ano poderá ter sido devido a uma combinação da precipitação e de outros factores. Registou-se uma correlação negativa entre as densidades e a precipitação local (coeficiente de correlação de Pearson = -0,231) e esta correlação não foi significativa (P = 0,175).

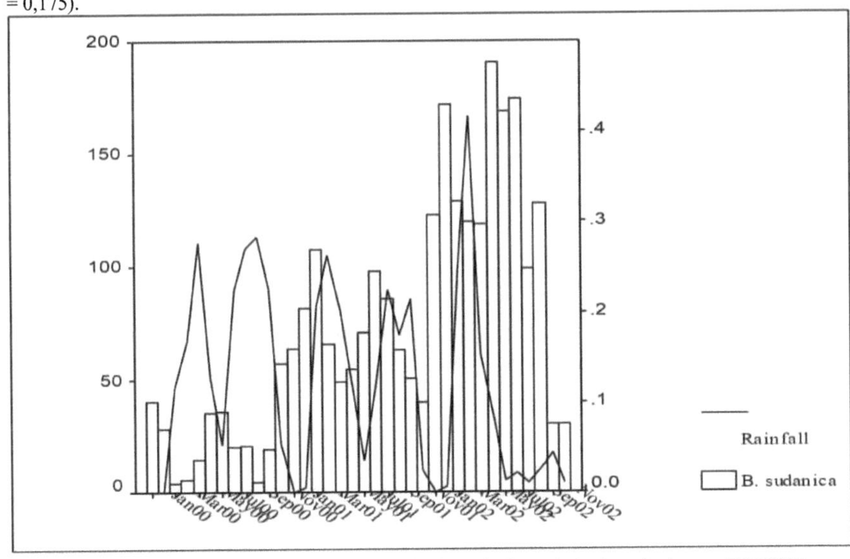

Figura 4.15: O efeito da precipitação local na distribuição de *Biomphalaria sudanica* em 20002002

Quando o parâmetro ambiental foi ajustado num modelo, a abundância de *B. sudanica* foi positivamente correlacionada com a precipitação, com maior precipitação 3 meses antes da altura da amostragem. No entanto, esta correlação não foi muito forte, como indicado pelo baixo valor R-quadrado de 0,168 (Figura 4.17). No lado esquerdo está o gráfico de correlação cruzada, que mostra a correlação (CCF) entre a abundância de *B. sudanica* e a precipitação total por mês.

Um valor positivo indica uma correlação positiva, e um valor negativo indica uma correlação negativa. O eixo x indica o período de desfasamento do parâmetro ambiental, começando em -6 meses à esquerda e indo até +6 meses à direita. As barras representam a correlação entre a abundância de caracóis na altura da amostragem e o nível do parâmetro ambiental X meses antes ou no futuro. As barras com um asterisco ao lado são aquelas em que a correlação é significativamente mais baixa ou mais alta do que 0. À direita encontra-se um gráfico de dispersão da abundância média de *B. sudanica* em relação à precipitação 3 meses antes de cada colheita de caracóis.

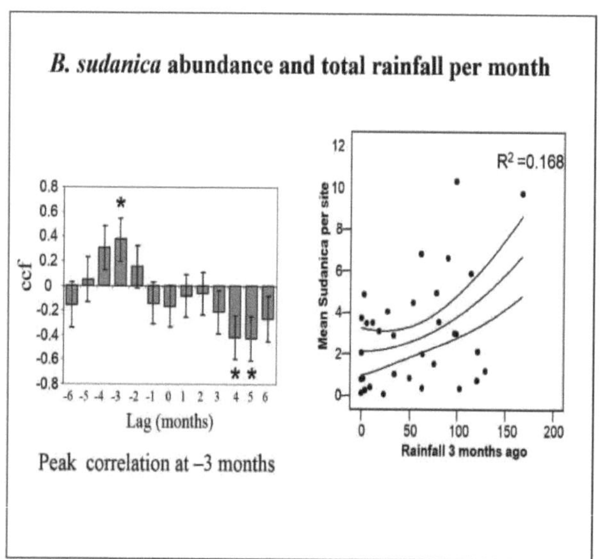

Figura 4.16: Abundância de *B. sudanica* e precipitação total por mês

O efeito das flutuações das temperaturas mínimas e máximas do ar na distribuição de *B. stanleyi* e *B. sudanica* de 2000 a 2002

Como se pode ver na figura 4.17, as temperaturas mínimas do ar variaram entre 20,0^D C e 29,0^D C durante este estudo. Estas variações das temperaturas mínimas do ar parecem ter tido pouca influência direta ou indireta na distribuição de *B. stanleyi* no lago Albert. Verificou-se, no entanto, uma correlação negativa entre as colecções médias de *B. stanleyi* (coeficiente de correlação de Pearson = -0,133) e a temperatura mínima do ar, mas esta correlação não foi estatisticamente significativa (P = 0,441).

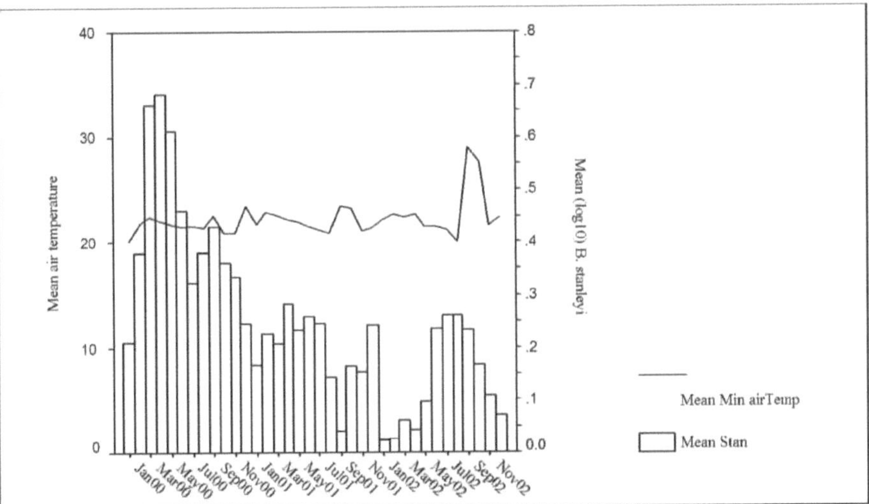

Figura 4.17: Efeito da temperatura mínima do ar na distribuição de *B. stanleyi*

Como se pode ver na figura 4.18, a flutuação da temperatura máxima média do ar não parece ter tido qualquer efeito na distribuição de *B. stanleyi*. No entanto, a coleção média de *B. stanleyi* estava positivamente correlacionada com a temperatura máxima média do ar (coeficiente de correlação de Pearson = 0,110), mas a correlação não era significativa (P = 0,522).

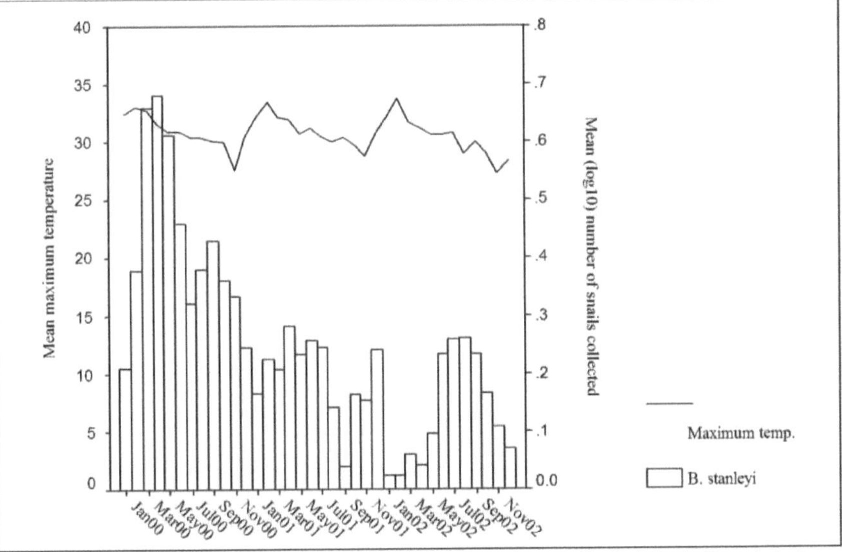

Figura 4.18: O efeito das flutuações das temperaturas máximas do ar na distribuição de *Biomphalaria stanleyi* de 2000-2002

Uma temperatura do ar mais elevada nos meses que precederam a recolha dos caracóis foi associada a abundâncias mais elevadas de *B. stanleyi*, embora esta correlação não seja forte, como indicado por um valor R-quadrado de 0,214 (Figura 4.19). À esquerda, encontra-se um gráfico de barras que ilustra a variação dos coeficientes de correlação cruzada (CCF) entre a temperatura máxima do ar e a abundância de *B. stanleyi*. As barras com asterisco junto a elas são aquelas em que a correlação foi significativamente superior a 0. À direita, encontra-se um gráfico de dispersão da média de *B. stanleyi* em relação à temperatura máxima do ar 3 meses antes de cada contagem de caracóis.

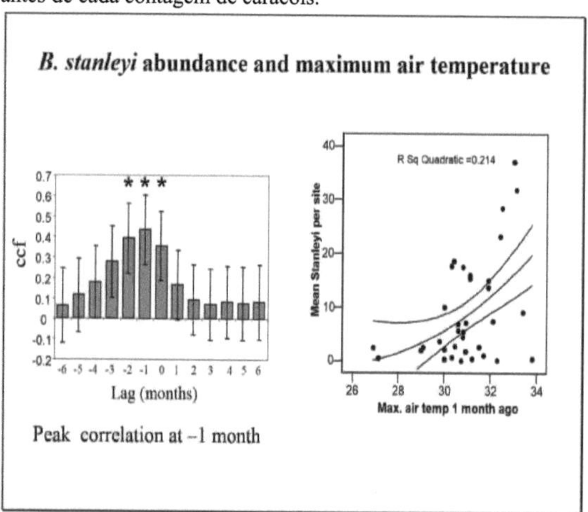

Figura 4.19: Abundância de *B. stanleyi* e temperatura máxima do ar

Como mostra a figura 4.20, as temperaturas mínimas do ar variaram cerca de 3°C durante a maior parte do período de estudo, exceto no final do último ano, quando variaram cerca de 9°C. Esta variação de temperatura não parece ter afetado a distribuição de *B. sudanica*. Embora a coleção média de *B. sudanica* estivesse positivamente correlacionada com a temperatura mínima (coeficiente de correlação de Pearson = 0,170), a correlação não foi significativa (P = 0,322).

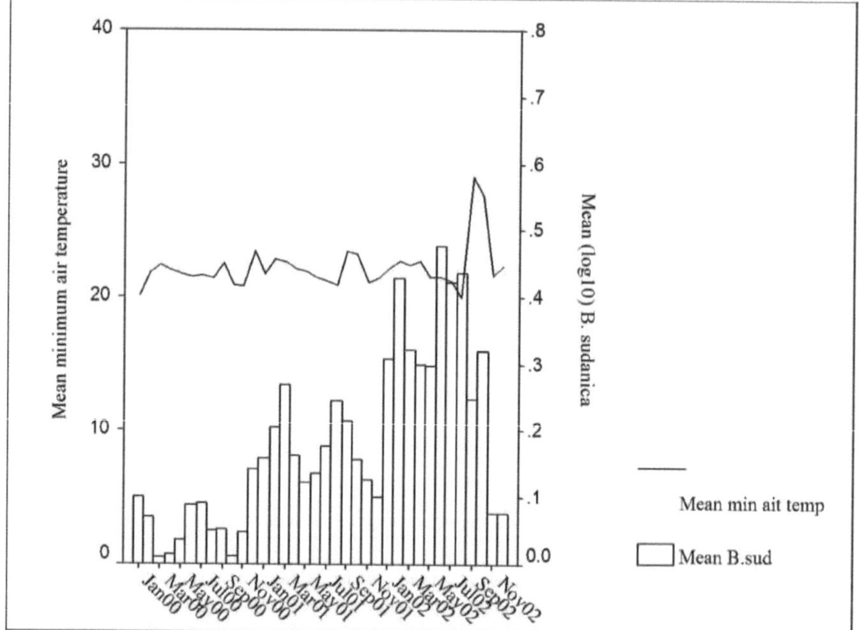

Figura 4.20: Efeito da temperatura mínima do ar na distribuição de *B. sudanica*

Como se pode ver na figura 4.21, as temperaturas máximas variaram entre 29,0°C e 33,0°C. Embora pareça que a flutuação das temperaturas máximas teve um ligeiro efeito na distribuição de *B. sudanica, é* provável que outros factores tenham desempenhado um papel significativo. *A B. sudanica* também apresentou uma correlação positiva com a temperatura máxima, mas a correlação não foi significativa (P = 0,426).

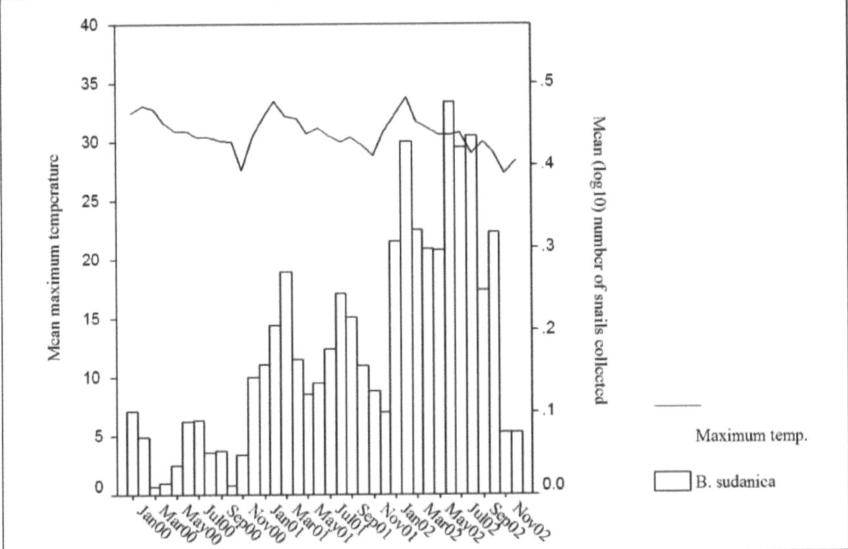

Figura 4.21: Efeito das temperaturas máximas do ar na distribuição de Biomphalaria *sudanica no período* 2000-2002

O efeito da flutuação das temperaturas da água na distribuição de *B. stanleyi* e *B. sudanica* em 2001-2002

Como mostra a figura 4.22, as temperaturas da água que variam entre 28°C e 30°C parecem favorecer densidades mais elevadas de *B. stanleyi*. As temperaturas abaixo ou acima desta gama foram associadas a baixas densidades de caracóis. Registou-se uma correlação negativa entre *B. stanleyi* e as temperaturas da água (coeficiente de correlação de Pearson = -0,580) e esta correlação foi altamente significativa, (P < 0,001). Isto implica que quando a temperatura média da água era elevada, era provável que se realizassem colecções médias mais baixas de caracóis com *B. stanleyi*.

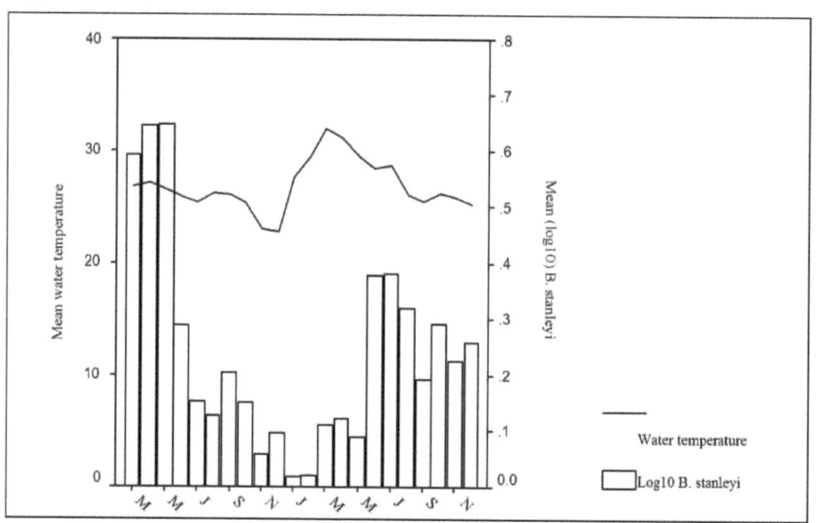

Figura 4.22: Efeito da flutuação da temperatura da água na distribuição de *Biomphalaria stanleyi* em 2001-2002

Como mostra a figura 4.23, a flutuação da temperatura da água não teve qualquer efeito significativo na distribuição de *B. sudanica*. Cada parâmetro parece atuar de forma independente. Contudo, registou-se uma correlação positiva com a temperatura média da água (coeficiente de correlação de Pearson = 0,611) e esta correlação foi altamente significativa (P < 0,001). Isto implica que, quando a temperatura média da água era elevada, era provável que fossem recolhidas muitas *B. sudanica*.

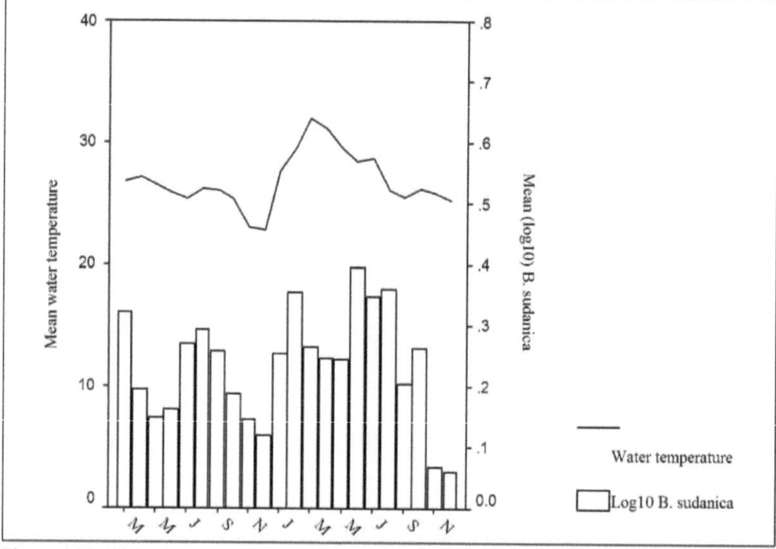

Figura 4.23: Efeito da flutuação da temperatura da água na distribuição de *Biomphalaria sudanica* em 2001-2002

Registou-se uma correlação positiva entre a abundância de *B. sudanica* e a temperatura da água antes da amostragem, com o pico de correlação a ocorrer com um desfasamento de 3 meses. Esta correlação foi razoavelmente forte, como indicado por um valor R-quadrado de 0,347 (Figura 4.24). À esquerda, encontra-se um gráfico de barras que ilustra a variação dos coeficientes de correlação cruzada (CCF) entre a temperatura da água e a abundância de *B. sudanica*. A barra com um asterisco ao lado é aquela em que a correlação foi significativamente maior do que 0. À direita está um gráfico de dispersão da média de *B. sudanica* em relação à temperatura da água 3 meses antes de cada levantamento de caracóis.

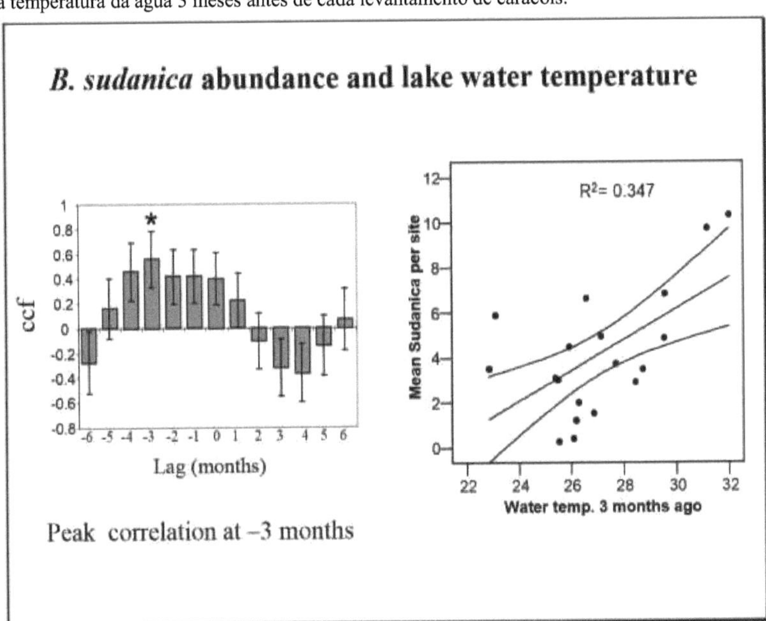

Figura 4.24: Abundância de *B. sudanica* e temperatura da água

O efeito da flutuação dos valores de pH na distribuição de *B. stanleyi* de 2001 a 2002

Como se pode ver na figura 4.26, os valores médios de pH inferiores a 9,0 parecem estar associados a densidades elevadas de *B. stanleyi*. Registou-se uma diminuição das densidades de caracóis quando o valor de pH ultrapassou 9,0 ou foi ligeiramente inferior a 8,0. Verificou-se uma correlação negativa entre as colecções médias de *B. stanleyi* e os valores médios de pH registados no lago Albert (coeficiente de correlação de Pearson = -0,663), sendo esta correlação altamente significativa (P < 0,001).

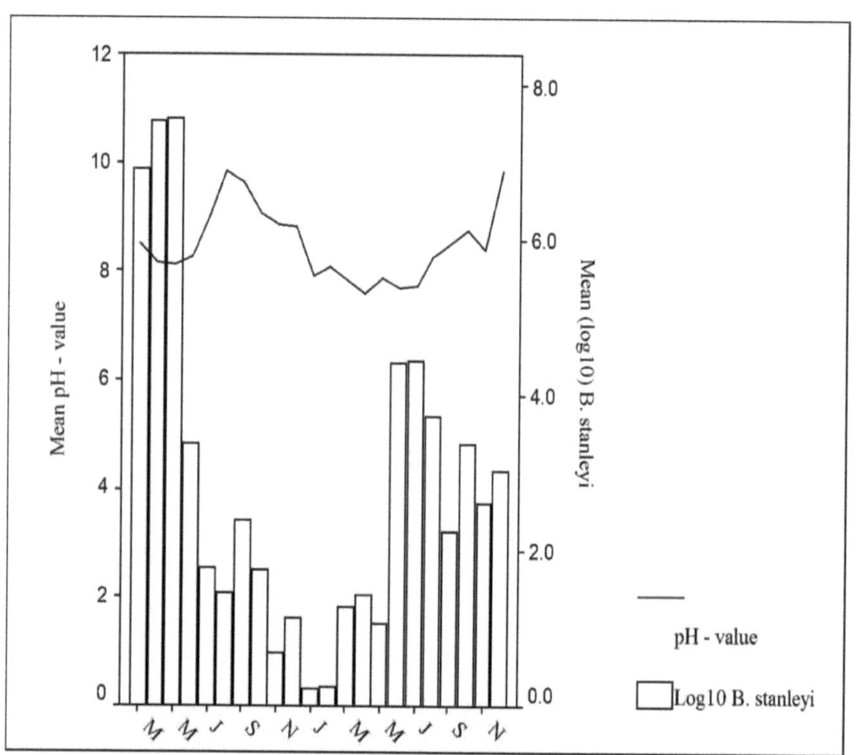

Figura 4.26: O efeito da flutuação dos valores de pH na distribuição de *Biomphalaria stanleyi* de 2001-2002

O efeito da flutuação dos valores de pH na distribuição de *B. sudanica* em 2001-2002

Como se pode ver na figura 4.27, valores elevados de pH foram associados a baixas densidades de *B. sudanica* e valores de pH entre 8,0 e 8,5 pareceram favorecer o aumento das densidades. As densidades de *Biomphalaria sudanica* correlacionaram-se positivamente com o valor médio de pH (coeficiente de correlação de Pearson = 0,592) e a correlação foi altamente significativa, (P < 0,001).

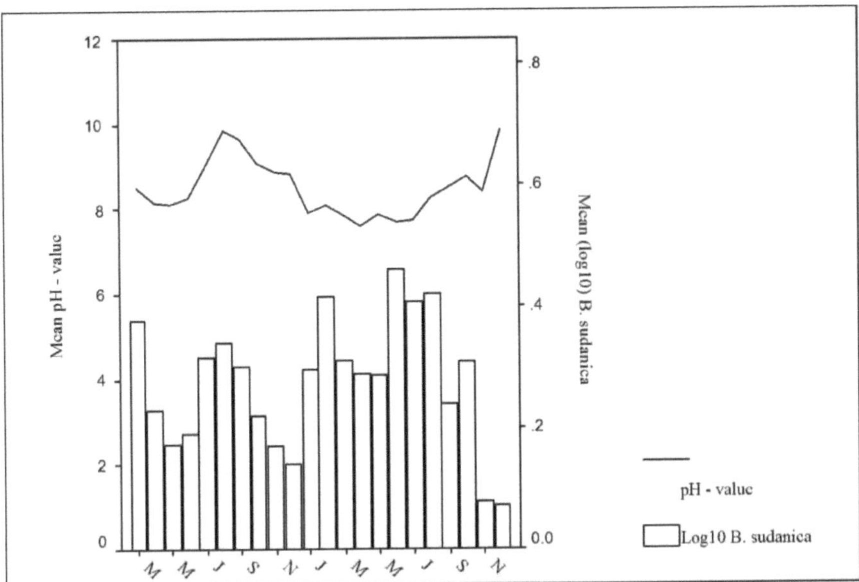

Figura 4.27: O efeito da flutuação dos valores de pH na distribuição de *Biomphalaria sudanica* de 2001-2002

A abundância de *B. sudanica* foi globalmente correlacionada de forma negativa com o pH da água do lago, com o pico de correlação a ocorrer aos -3 meses. Como se pode ver no gráfico de dispersão com um valor de R-quadrado de 0,311, valores mais elevados de pH 3 meses antes da recolha dos caracóis foram associados a uma menor abundância de caracóis na altura da amostragem (Figura 4.28). À esquerda encontra-se um gráfico de barras que ilustra a variação dos coeficientes de correlação cruzada (CCF) entre o pH da água do lago e a abundância de *B. sudanica*. A barra com um asterisco ao lado é aquela em que a correlação foi significativamente inferior a 0. À direita está um gráfico de dispersão da média de *B. sudanica* em relação ao pH da água do lago 3 meses antes de cada amostragem de caracóis.

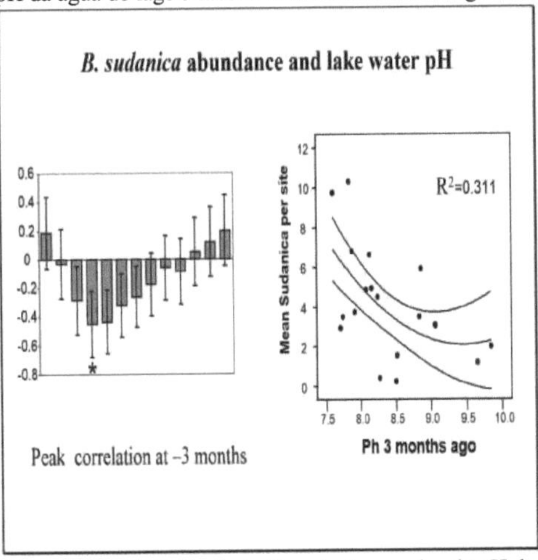

Figura 4.28: Abundância de *B. sudanica* e valor de pH da água

O efeito das alterações da condutividade da água na distribuição de *B. stanleyi* de 2001 a 2002

Como se pode ver na figura 4.29, foram registadas densidades mais elevadas de *B. stanleyi* quando o nível médio de condutividade era superior a 400|j.mho. Valores inferiores a 400|j.mho foram associados a uma redução significativa das densidades de caracóis. O número médio de *B. stanleyi* foi negativamente correlacionado com os níveis de condutividade da água (coeficiente de correlação de Pearson = -0,578), a correlação foi altamente significativa, (P< 0,001).

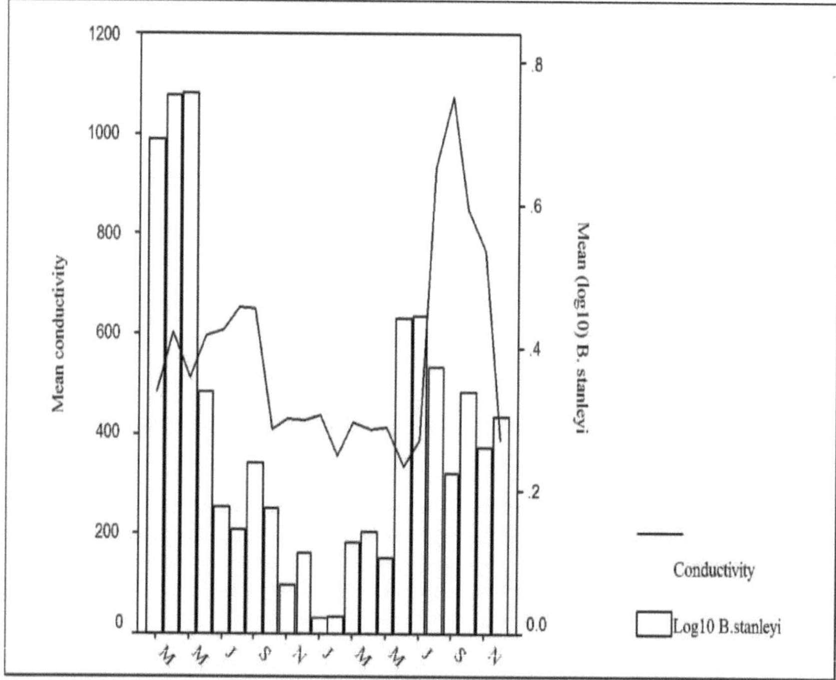

Figura 4.29: Efeito das alterações da condutividade da água na distribuição de *Biomphalaria stanleyi* de 2001 a 2002

O efeito das alterações da condutividade da água na distribuição de *B. sudanica* no Lago Albert de 2001 a 2002

Como se pode ver na figura 4.30, *a B. sudanica parece* tolerar favoravelmente uma gama transversal de níveis de condutividade da água, com exceção dos níveis superiores a 1000p. mho. No caso da *B. sudanica,* verificou-se uma correlação positiva entre a condutividade da água e as densidades de caracóis (coeficiente de correlação de Pearson = 0,403) e a correlação foi significativa (P< 0,015). No entanto, a abundância de S. *sudanica* foi negativamente correlacionada com a condutividade da água da lagoa nos meses anteriores à recolha dos caracóis.

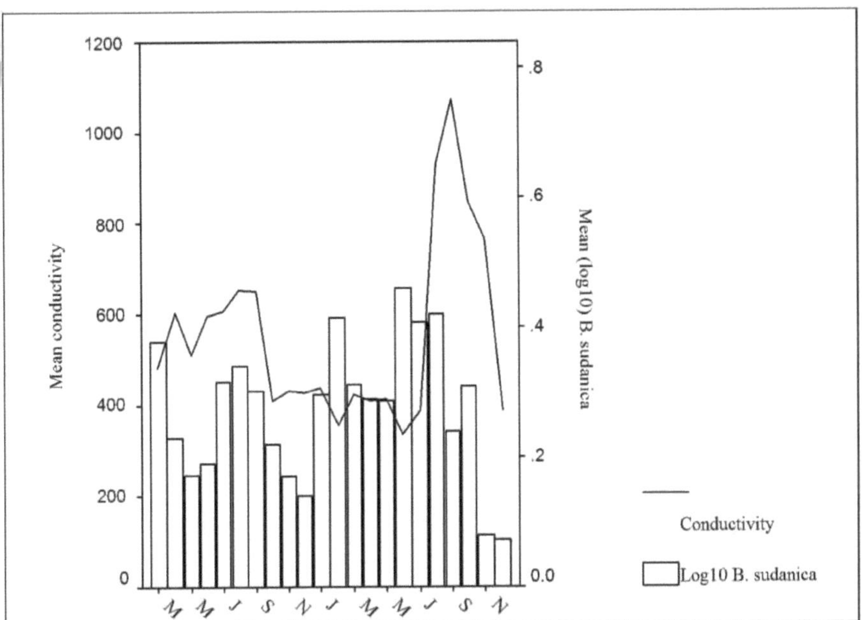

Figura 4.30: O efeito das alterações sazonais da condutividade da água na distribuição de *Biomphalaria sudanica* de 2001-2002

O pico de correlação com a condutividade registou-se há 3 meses e foi bastante forte, como indicado por um valor R-quadrado elevado de 0,322 (figura 4.31). À esquerda, encontra-se um gráfico de barras que ilustra a variação dos coeficientes de correlação cruzada (CCF) entre a condutividade da água do lago e a abundância de *B. sudanica*. Cada valor de CCF é uma estimativa do grau de correlação entre o número de caracóis no momento da amostragem e o valor do fator explicativo num momento anterior ou posterior à amostragem, indicado pelo período de desfasamento indicado no eixo x. As barras com um asterisco junto a elas são aquelas em que a correlação foi significativamente inferior ou superior a 0. À direita encontra-se um gráfico de dispersão da média de *B. sudanica* contra a condutividade da água do lago, 3 meses antes de cada colheita de caracóis.

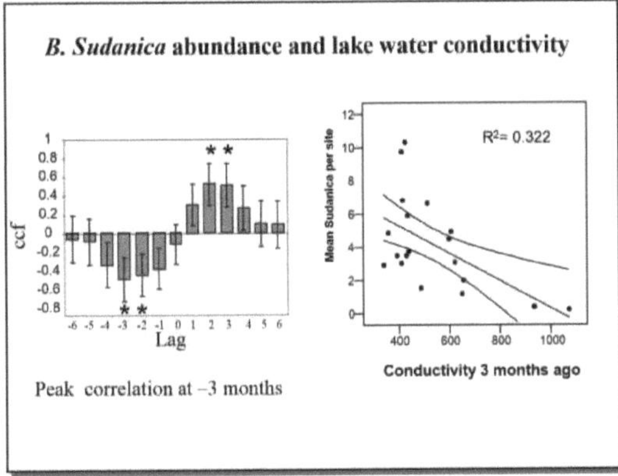

Figura 4.31: Abundância de *B. sudanica* e condutividade da água do lago

O efeito da circulação de oxigénio na distribuição de *B. stanleyi* em 2001-2002

Como se pode ver na figura 4.32, não parece haver grande efeito da flutuação da circulação de oxigénio na distribuição de *B. stanleyi*. A média dos caracóis recolhidos foi negativamente correlacionada com a circulação de oxigénio (coeficiente de correlação de Pearson = -0,534), mas esta correlação foi altamente significativa (P< 0,001).

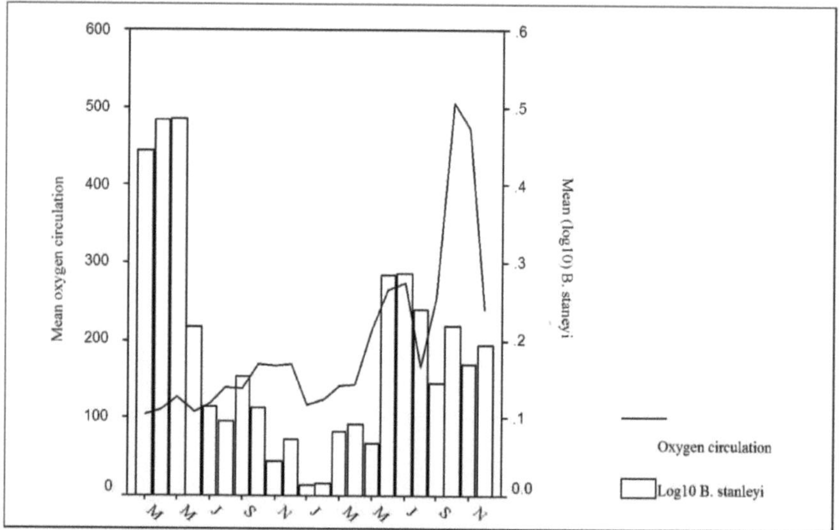

Figure 4.32:   O efeito da circulação de oxigénio na distribuição de *Biomphalaria stanleyi* em 2001-2002

O efeito da circulação de oxigénio na distribuição de *B. sudanica* em 2001-2002

A figura 4.33 mostra que níveis de circulação de oxigénio entre 100mV e 300mV estão associados a densidades elevadas de *B. sudanica* e que níveis superiores a 500mV parecem não favorecer o aumento das densidades de caracóis. Por outro lado, *a B. sudanica* mostrou uma correlação positiva com a circulação de oxigénio (coeficiente de correlação de Pearson = 0,318), mas a correlação foi pouco significativa (P< 0,059).

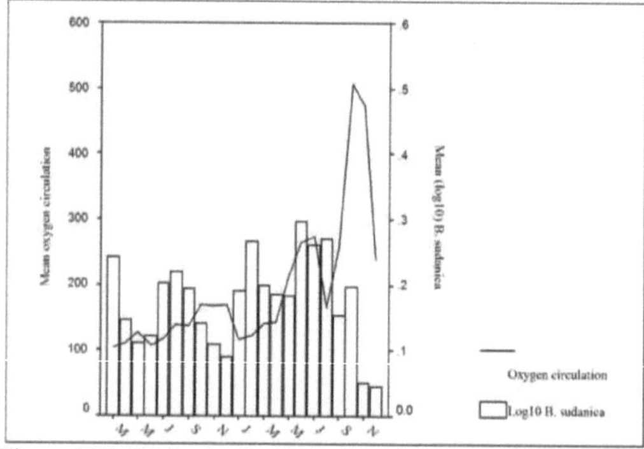

Figura 4.33: Efeito da circulação de oxigénio na distribuição de *Biomphalaria sudanica* em 2001-2002

Condutividade da água e *B. stanleyi* infetada

Verificou-se uma forte correlação positiva entre a condutividade da água do lago e a percentagem de *B. stanleyi* infetada com esquistossomas de mamíferos. A força desta correlação é indicada por um valor R-quadrado muito elevado de 0,883 (Figura 4.34). O pico da correlação foi observado com um desfasamento de 3 meses, indicando que uma condutividade mais elevada 3 meses antes da amostragem estava associada a taxas de infeção mais elevadas. À esquerda, encontra-se um gráfico de barras que ilustra a variação dos coeficientes de correlação cruzada (CCF) entre a proporção de *B. stanleyi* infetada com esquistossomas de mamíferos e a condutividade da água. A barra com um asterisco ao lado é aquela em que a correlação foi significativamente maior do que 0. À direita está um gráfico de dispersão da proporção de *B. stanleyi* *infectados* contra a condutividade da água do lago, 3 meses antes de cada contagem de caracóis.

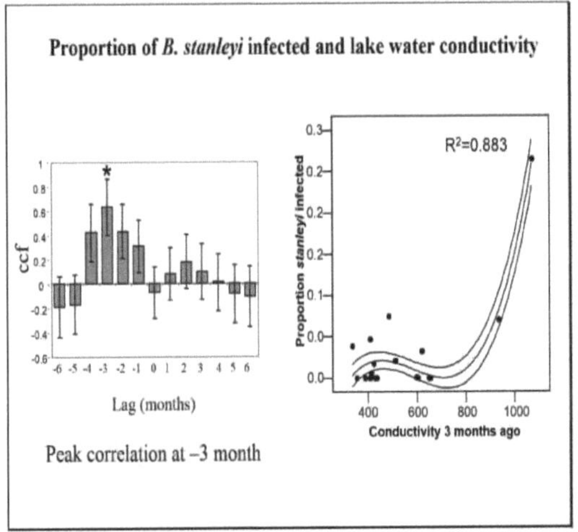

Figura 4.34: Proporção de *B. stanleyi* infetada com esquistossomas de mamíferos e condutividade da água

Condutividade da água e *B. sudanica* infetada

Houve uma forte correlação negativa entre a condutividade da água e a percentagem de *B. sudanica* infetada com esquistossomas de mamíferos. Esta correlação também foi forte, como indicado pelo valor R-quadrado de 0,551 (Figura 4.35). O pico da correlação foi observado com um desfasamento de um mês, indicando que uma condutividade mais baixa um mês antes da amostragem estava associada a taxas de infeção mais elevadas. À esquerda está um gráfico de barras que ilustra a variação dos coeficientes de correlação cruzada (CCF) entre a proporção de *B. sudanica* infetada com esquistossomas de mamíferos e a condutividade da água. A barra com um asterisco ao lado é aquela em que a correlação foi significativamente inferior a 0. À direita está um gráfico de dispersão da proporção de *B. sudanica infetada* contra a condutividade da água, um mês antes de cada contagem de caracóis.

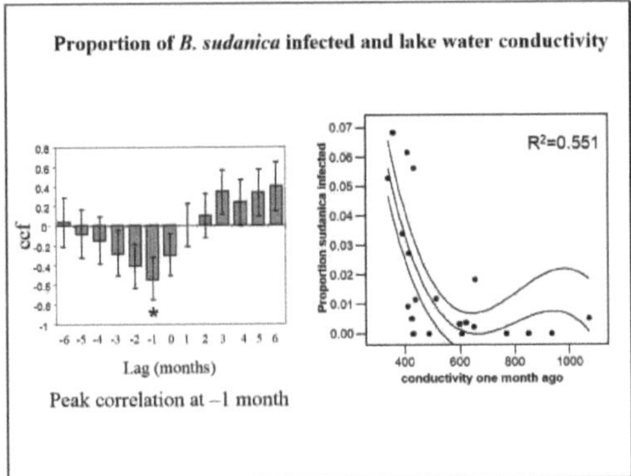

Figura 4.35: Proporção de *B. sudanica* infetada com esquistossomas de mamíferos e condutividade da água

Crescimento dos caracóis no campo e no laboratório

Através de medições semanais do diâmetro das conchas dos caracóis, tanto no ambiente natural como no laboratório, os dados relativos ao incremento do tamanho dos caracóis foram utilizados para traçar curvas de crescimento para cada espécie de *Biomphalaria* (Fig. 4.36 e Fig. 4.37).

A B. stanleyi no ambiente natural registou um aumento rápido do diâmetro médio da concha nas primeiras três quinzenas, seguido de um crescimento lento durante a quarta quinzena. Seguiu-se outro período de crescimento muito rápido da quinta à sexta quinzena. Da sétima à nona quinzena, registou-se um crescimento lento acentuado, que melhorou nas restantes quinzenas. Na décima quarta quinzena os caracóis tinham atingido um diâmetro médio máximo da concha, seguido de um crescimento lento mas constante.

No laboratório, o crescimento de *B. stanleyi* foi bastante lento durante as três primeiras quinzenas. Registou-se um período de crescimento mais rápido entre a quarta e a sétima quinzenas e entre a décima e a décima primeira quinzenas. Seguiu-se um crescimento lento mas constante, embora os caracóis nunca tenham atingido o nível máximo de diâmetro da concha dos caracóis no ambiente natural (Fig.4.35).

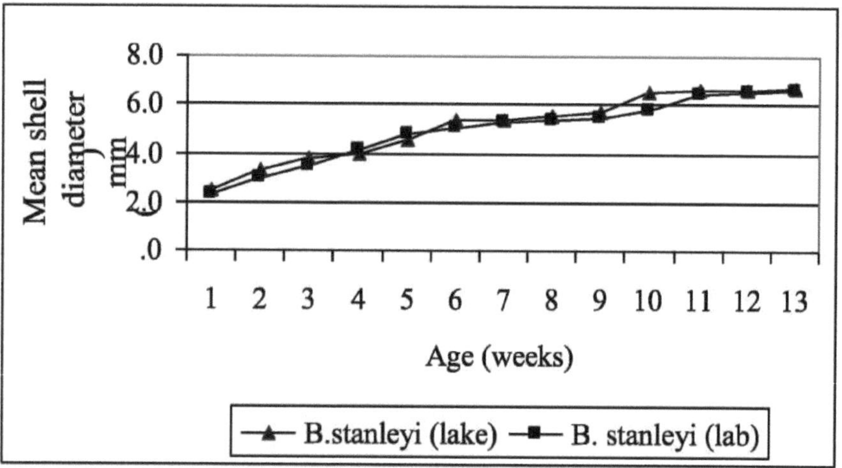

Figura 4.36: Curvas de crescimento no terreno e em laboratório para *B. stanleyi* no lago Albert

No ambiente natural, *a B. sudanica* cresceu muito rapidamente nas primeiras cinco quinzenas, antes de estabilizar durante a sexta e sétima quinzenas. A partir da sétima quinzena houve outro período de crescimento rápido até à décima terceira quinzena, altura em que os caracóis atingiram um diâmetro máximo de concha superior a 12 mm.

O crescimento dos caracóis de laboratório foi extremamente lento durante as primeiras quatro quinzenas. O único crescimento notável foi registado durante a décima primeira quinzena, seguido de outro período de crescimento lento. Os caracóis de laboratório nunca atingiram o nível do diâmetro da concha que tinha sido alcançado pelos caracóis do campo durante o mesmo período de tempo (Fig. 4.37).

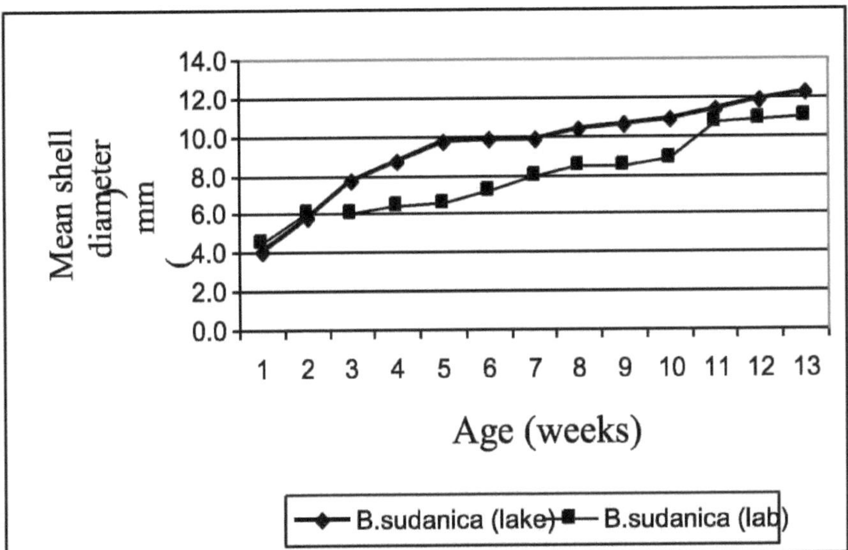

Figura 4.37: Curvas de crescimento no campo e em laboratório para *B. sudanica* no lago Albert

Sobrevivência e reprodução

A taxa de sobrevivência de *B. stanleyi* no meio natural em que as condições foram consideradas óptimas foi mantida a 100% durante as três primeiras quinzenas, antes de ocorrer uma mortalidade notável entre a terceira e a quarta quinzena. A sobrevivência manteve-se constante desde essa altura até à oitava quinzena, altura em que se registou uma nova mortalidade entre a oitava e a nona quinzena. A sobrevivência dos caracóis manteve-se então constante até à décima primeira quinzena. A mortalidade mais elevada registou-se durante a décima segunda quinzena. Contudo, a sobrevivência manteve-se constante, com quase 60%, até à décima quinta quinzena, altura em que a experiência teve que ser interrompida.

A produção de ovos começou na quarta quinzena, com um pequeno pico na quinta quinzena. Seguiu-se um declínio gradual da produção de ovos, que atingiu os valores mais baixos na sétima quinzena. A partir desse momento e até à nona quinzena, registou-se um aumento constante da produção de ovos, até outro pico elevado durante a décima quinzena. Embora a produção de ovos tenha diminuído durante a décima primeira quinzena, a décima segunda quinzena registou o maior número de ovos. Na décima terceira quinzena registou-se outra queda drástica do número de ovos produzidos, mas esta foi de curta duração, pois a produção de ovos atingiu outro nível mais elevado na décima quarta quinzena. Durante a última quinzena, a produção de ovos desceu ligeiramente, mas não ao nível das quinzenas anteriores (Fig. 4.38).

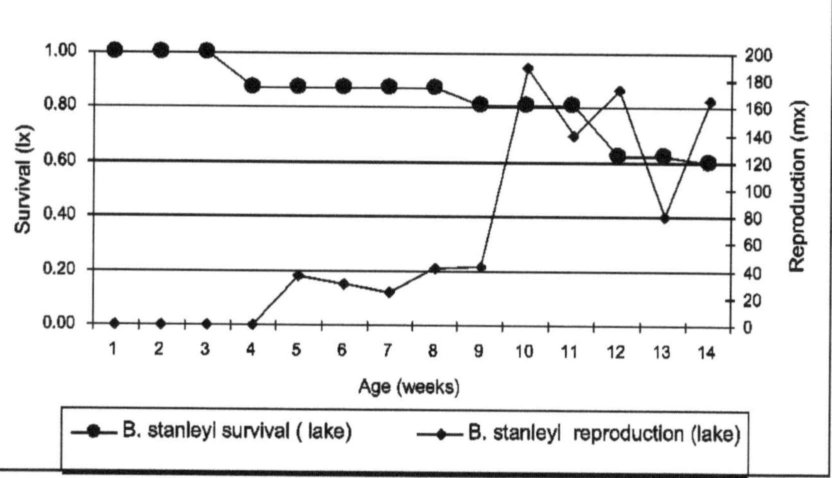

Figura 4.38: Representação gráfica da sobrevivência e reprodução de *Biomphalaria stanleyi* no ambiente natural do lago Albert

A taxa de sobrevivência de *B. stanleyi* no laboratório onde as condições foram simuladas foi notável. Foram registadas taxas de sobrevivência de 100% durante as duas primeiras quinzenas. A partir daí, a taxa de sobrevivência diminuiu muito lentamente e nunca foi inferior a 70%.

A produção de ovos só começou na quinta quinzena. A taxa de produção de ovos foi lenta no início, mas aumentou regularmente até se registar um único pico durante a décima primeira quinzena. Seguiu-se um declínio geral até à décima quarta quinzena (Fig. 4.38).

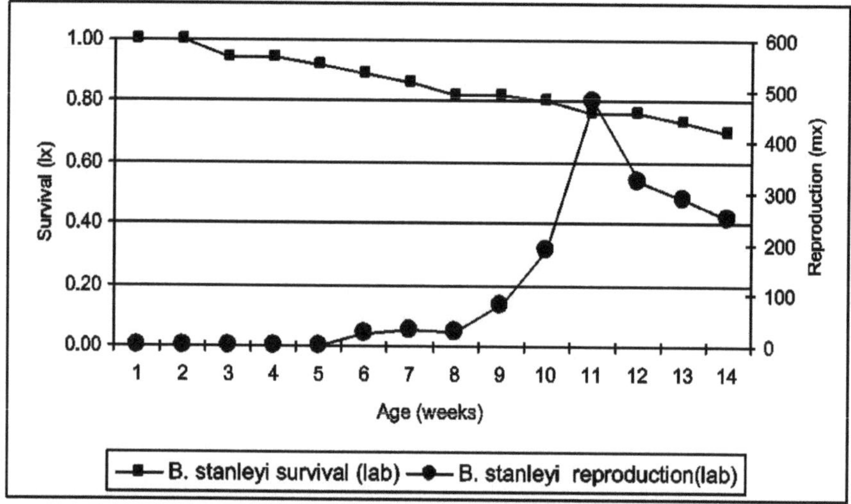

Figura 4.39: Representação gráfica da sobrevivência e da reprodução de *Biomphalaria stanleyi* no laboratório de Butiaba, lago Albert

A sobrevivência de *B. sudanica* no ambiente natural também foi notável. Durante as primeiras quatro quinzenas registou-se uma sobrevivência sustentada de 100%, seguida de um declínio gradual. Este declínio continuou de forma constante até ao fim do período de observação, quando apenas cerca de 22% dos caracóis originais ainda sobreviviam.

A produção de ovos começou na quinta quinzena e atingiu o primeiro pico durante a oitava quinzena. Seguiu-se um declínio acentuado da produção de ovos entre a nona e a décima quinzenas, à medida que a sobrevivência continuava também a diminuir. Surpreendentemente, foi registado outro pico de produção de ovos durante a décima segunda quinzena, seguido de um declínio acentuado na décima quarta quinzena (Fig. 4.39).

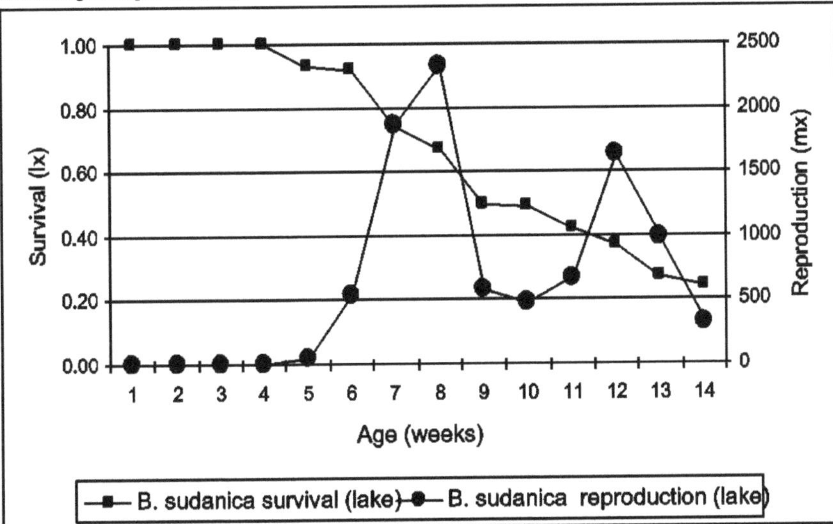

Figure 4.40:   Representação gráfica da sobrevivência e reprodução de *Biomphalaria sudanica* no ambiente natural do lago Albert

Em condições menos naturais no laboratório, *a B. sudanica* mostrou uma taxa de sobrevivência constante de mais de 90%, que se manteve até à quinta quinzena, altura em que começou a diminuir bastante lentamente. Por volta da décima quinta quinzena, 80% dos caracóis originais ainda estavam a sobreviver. A produção de ovos em condições de laboratório começou na quarta quinzena, com um pequeno pico na quinta quinzena. Houve uma paragem temporária da produção de ovos da sexta quinzena até à sétima quinzena. Durante a nona quinzena, verificou-se uma explosão da produção de ovos até à décima segunda quinzena, com o maior número de ovos registado durante a décima primeira quinzena. No entanto, seguiu-se um declínio drástico que não parece corresponder ao número mais elevado de caracóis sobreviventes no final do período de observação (Fig. 4.40).

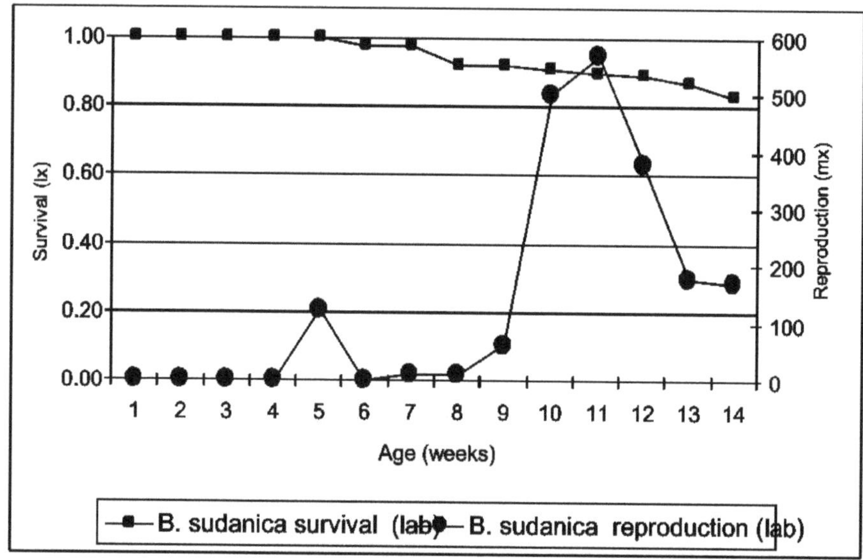

Figure 4.41:   Representação gráfica da sobrevivência e reprodução de *Biomphalaria sudanica* no laboratório Butiaba, Lago Albert

No ambiente natural, *B. stanleyi* teve uma taxa intrínseca de aumento natural que variou de 0,15 a 0,49. O tempo médio de geração mais curto foi de 5,6 quinzenas, enquanto o mais longo foi de 9,5 quinzenas. A taxa intrínseca de crescimento natural e o tempo médio de geração variaram de mês para mês. A taxa líquida de reprodução registou igualmente grandes variações de mês para mês (quadro 4.9).

Quadro 4.9: Parâmetros da tabela de vida calculados para *Biomphalaria stanleyi* no ambiente natural do lago Albert

Experim ental run	Month of experi ment	Finite rate of increase (R)	Net reproductive rate (R_o)	Intrinsic rate of natural increase (r)	Mean generation time in fortnights (MGT)
1	8	1.6281	15.65	.4874	5.64
2	9	1.4401	10.73	.3647	6.51
3	10	1.1723	3.45	.1589	7.79

4	11	1.2803	7.22	.2471	8.00
5	1	1.3917	15.37	.3305	8.27
6	2	1.4163	14.30	.3480	7.64
7	3	1.3875	7.77	.3275	6.26
8	4	1.3907	11.54	.3298	7.42
9	5	1.4557	17.66	.3755	7.65
10	7	1.3579	9.21	.3059	7.26
11	8	1.2352	4.28	.2112	6.88
12	9	1.2711	5.07	.2399	6.77
13	10	1.5992	23.01	.4695	6.68
14	11	1.5158	16.59	.4159	6.75
15	12	1.2985	7.34	.2612	7.63
16	13	1.2355	7.16	.2115	9.30
17	1	1.5327	12.37	.4270	5.89
18	2	1.2995	11.44	.2619	9.31
19	3	1.4596	33.23	.3720	9.42
20	4	1.3046	12.66	.2659	9.54
21	5	1.3784	13.73	.3209	8.16
22	6	1.3944	9.47	.3325	6.76
23	12	1.1617	2.96	.1499	7.23

Quadro 4.10: Parâmetros da tabela de vida calculados para *Biomphalaria stanleyi* em laboratório no lago Albert

Experimental run	Month of experiment	Finite rate of increase (R)	Net reproductive rate (R_o)	Intrinsic rate of natural increase(r)	Mean generation time in Fortnights (MGT)
1	9	1.4095	8.30	.3433	6.16
2	10	1.2660	25.05	.2358	13.66

3	11	1.2553	17.35	.2274	12.55
4	12	1.3734	12.95	.3173	8.07
5	1	1.4006	19.77	.3369	8.86
6	2	1.3969	18.01	.3342	8.65
7	3	1.1368	8.06	.1282	16.27
8	6	1.1613	15.33	.1495	18.26
9	7	1.3137	17.21	.2728	10.43
10	8	1.3236	15.01	.2803	9.66
11	10	1.4084	15.31	.3425	7.97
12	11	1.2822	7.53	.2486	8.12
13	12	1.1497	3.51	.1395	9.00
14	1	1.1833	8.03	.1683	12.38
15	2	1.2391	6.56	.2144	8.77
16	3	1.2131	5.71	.1932	9.02
17	6	1.3214	18.87	.2787	10.54
18	7	1.2885	9.60	.2535	8.92
19	8	1.2391	4.78	.2143	7.30
20	9	1.2550	6.81	.2271	8.45
21	10	1.2725	6.20	.2410	7.57
22	11	1.0785	2.07	.0755	9.61
23	12	1.3836	16.02	.3247	8.54
24	13	1.1788	14.22	.1645	8.75

Em laboratório, *B. stanleyi* apresentou uma taxa intrínseca de crescimento natural que variou entre 0,08 e 0,34. O seu tempo médio de geração mais curto foi de 6,2 quinzenas, enquanto o mais longo foi de 18,3 quinzenas. A taxa líquida de reprodução não foi tão boa como a registada no ambiente natural (quadro 4.10).

Biomphalaria sudanica no ambiente natural teve uma taxa intrínseca de crescimento natural elevada, variando entre 0,30 e 0,94 durante a maior parte dos ensaios. O tempo médio de geração mais longo foi de 8,9 quinzenas e o mais curto de 4,8 quinzenas (quadro 4.11).

Quadro 4.11: Parâmetros da tabela de vida calculados para *Biomphalaria sudanica* no ambiente natural do lago Albert

Experimental run	Month of experiment	Finite rate of increase(R)	Net reproductive rate (R_o)	Intrinsic rate of natural increase(r)	Mean generation time in Fortnights (MGT)
1	8	1.7063	54.42	.5343	7.48
2	9	2.1477	85.05	.7644	5.81
3	10	2.5698	90.11	.9438	4.77
4	11	2.2965	139.72	.8314	5.94
5	1	1.7998	43.90	.5849	6.47
6	2	2.0529	89.95	.7192	6.26
7	3	2.2594	120.16	.8151	5.87
8	4	1.4403	54.03	.3649	10.93
9	5	1.6586	19.56	.5060	5.88
10	6	2.0321	85.19	.7091	6.27
11	7	2.1840	112.26	.7812	6.04
12	8	2.0128	97.00	.6995	6.54
13	9	1.7802	72.21	.5768	7.42
14	10	1.9061	75.47	.6450	6.70
15	11	2.3084	164.76	.8366	6.10
16	12	2.4558	201.68	.8985	5.91
17	13	2.4110	54.88	.7119	5.63
18	1	2.0379	193.20	.8800	5.98
19	2	2.3101	114.00	.8373	5.66
20	3	1.9013	38.59	.6428	5.69
21	6	1.8896	56.52	.6363	6.34
22	7	1.8957	58.42	.6396	6.36
23	8	1.5479	47.89	.4369	8.85
24	9	2.0400	104.69	.7129	6.52

No laboratório, a *B. sudanica* teve uma taxa intrínseca de crescimento natural muito baixa, que variou entre

0,08 e 0,39, apesar do facto de ter tido taxas de sobrevivência muito elevadas. O seu tempo médio de geração foi bastante longo, até 13,6 quinzenas. A taxa líquida de reprodução foi muito baixa em comparação com a do ambiente natural (quadro 4.12).

Quadro 4.12: Parâmetros da tabela de vida calculados para *Biomphalaria sudanica* em laboratório no lago Albert

Experimental run	Month of experiment	Finite rate of increase(R)	Net reproductive rate (R_o)	Intrinsic rate of natural increase(r)	Mean generation time in Fortnights (MGT)
1	9	1.1271	2.68	.1197	8.25
2	10	1.1394	2.77	.1305	7.80
3	11	1.2615	6.02	.2323	7.72
4	12	1.0788	1.77	.0759	7.50
5	1	1.7444	28.58	.5564	6.03
6	2	1.4498	23.29	.3714	8.48
7	3	1.1228	3.89	.1158	11.73
8	4	1.2561	10.56	.2280	10.33
9	5	1.1337	3.59	.1255	10.18
10	6	1.1502	6.72	.1400	13.61
11	7	1.2526	12.46	.2252	11.20
12	8	1.1208	3.24	.1141	10.32
13	10	1.3086	5.9	.689	6.40
14	11	1.2505	5.03	.2236	7.23
15	12	1.3035	22.81	.2651	11.80
16	13	1.2065	9.03	.1877	11.72

17	1	1.2226	11.90	.2010	12.32
18	6	1.2417	9.21	.2164	10.26
19	7	1.3447	13.81	.2962	8.86
20	8	1.1945	5.57	.1778	9.66
21	9	1.2906	10.89	.2551	9.36
22	10	1.2185	7.14	.1976	9.95
23	12	1.3385	7.08	.2916	6.71
24	13	1.4727	10.31	.3871	5.98

CAPÍTULO 5

Resultados de estudos laboratoriais Suscetibilidade e tolerância dos hospedeiros intermediários e definitivos à estirpe local do parasita no Lago Albert Suscetibilidade dos hospedeiros definitivos

Os ensaios de suscetibilidade efectuados em ratos de laboratório utilizando 30 cercárias recuperadas de caracóis no habitat natural revelaram que o período pré-patente se situa entre 52 e 92 dias (quadro 4.13). Dos 26 ratos infectados com 30 cercárias cada um, 16 (61,5%) revelaram-se positivos. Dos ratos positivos foi recuperado um total de 112 vermes adultos. Dos vermes recuperados, 67 (59,8%) eram vermes machos e 45 (40,2%) eram vermes fêmeas.

Quadro 4.13: Suscetibilidade dos ratos aos Schistosoma no habitat natural

Experiment	Mice Used	Cercariae Per Mouse	Mice Infected & rate (%)	Adult worms recovered	
				Male	Female
1	5	30	3 (60)	17	8
2	5	30	4 (80)	19	12
3	5	30	2 (40)	5	3
4	5	30	3 (60)	10	7
5	6	30	4 (66.7)	16	15
Total	26		16(61.5)	67(59.8)	45(40.2)

Um total de 142 ratos foram colocados em gaiolas em locais suspeitos de transmissão e apenas 10 ratos (7,0%) se tornaram positivos para Schistosoma humano após um período de pré-patente que variou de 52 a 73 dias. Dos ratos positivos, foi recuperado um total de 69 vermes adultos. Destes vermes, 44 (63,8%) eram vermes machos e 25 (36,2%) eram vermes fêmeas (Tabela 4.14).

Quadro 4.14: Recuperação de esquistossomas adultos de ratinhos

Experiment	Mice exposed	Mice infected	Adult worms recovered	
			Male	Female
1	5	0	0	0
2	5	0	0	0
3	5	0	0	0
4	5	2	11	6
5	6	1	9	5
6	5	0	0	0

7	5	0	0	0
8	5	0	0	0
9	5	1	7	4
10	5	0	0	0
11	5	0	0	0
12	5	0	0	0
13	5	2	6	3
14	5	0	0	0
15	5	0	0	0
16	5	0	0	0
17	5	0	0	0
18	5	1	5	2
19	5	0	0	0
20	5	0	0	0
21	5	0	0	0
22	5	2	4	3
23	5	0	0	0
24	5	0	0	0
25	5	0	0	0
26	5	0	0	0
27	5	0	0	0
28	6	1	2	2
Total	142	10 (7.0%)	44 (63.8%)	25 (36.2%)

Suscetibilidade dos hospedeiros intermédios

Das 50 *B. sudanica* sentinela expostas em locais suspeitos de transmissão em gaiolas ao longo da costa, apenas 3 (6,0%) se tornaram positivas com cercárias humanas após um período pré-patente que variou de 22 a 28 dias. Um número semelhante de *B. stanleyi* foi exposto nos locais ao largo da costa e apenas 2 (4,0%) ficaram infectados com cercárias humanas após um período pré-patente que variou entre 18 e 28 dias. A sobrevivência dos caracóis expostos foi mais elevada entre os *B. sudanica* do que entre os *B. stanleyi*. *Os* testes de suscetibilidade efectuados em laboratório em *B. sudanica*, utilizando diferentes níveis de miracídios da estirpe do parasita de Butiaba, mostraram que o período pré-patente entre os caracóis infectados com oito miracídios variou entre 18 e 45 dias. Entre os caracóis infectados com quatro miracídios, o período pré-patente variou entre 21 e 46 dias. O período pré-patente dos caracóis infectados com 2 miracídios variou entre 30 e 63 dias. Os caracóis infectados com 4 e 8 miracídios tiveram um turn out positivo mais elevado do que os infectados com 2 miracídios.

Tabela 4.15: Suscetibilidade de *B. stanleyi* e *B. sudanica* à estirpe local do parasita

Experiment	*B. stanleyi*			*B. sudanica*		
	Number exposed	Number that survived	Number Infected and rat e (%)	Number exposed	Number That survived	Number Infected and rate (%)
1	15	6	2 (33.3)	15	9	0 (0)
2	15	12	5 (41.7)	15	6	1 (16.7)
3	15	6	0 (0)	15	12	3 (25.0)
4	15	0	0 (0)	15	9	0 (0)
5	15	3	1 (33.3)	15	6	1 (11.1)
6	15	9	2 (22.2)	15	10	0 (0)
7	15	5	0 (0)	15	12	0 (0)
8	15	11	2 (18.2)	15	8	1 (12.5)
9	15	8	1 (12.5)	15	7	0 (0)
10	15	13	3 (23.1)	15	12	3 (25.0)
Total	150	73	16 (21.9)	150	91	9 (9.9)

Entre os *B. stanleyi*, o período de pré-patência para os caracóis infectados com 8 miracídios variou entre 18 e 26 dias, enquanto que entre os infectados com 4 miracídios, o período de pré-patência variou entre 18 e 35 dias. A taxa de sobrevivência dos caracóis infectados foi mais elevada nos grupos de tamanho grande do que no grupo de tamanho pequeno, entre ambas as espécies. Na maior parte dos ensaios, *a B. stanleyi* tendeu a libertar um maior número de cercárias do que a *B. swdanica* e o mesmo padrão de libertação manteve-se durante todo o seu período de vida. Entre os *B. sudanica*, o número de cercárias eliminadas tendeu a diminuir com o aumento da idade do caracol, até parar completamente em alguns deles.

Padrões de disseminação de caracóis infectados naturalmente O padrão de disseminação de *Biomphalaria stanleyi*

Por volta das nove horas da manhã, a libertação de cercárias por *B. stanleyi* tinha começado com números médios baixos. Seguiu-se um aumento gradual do número médio de cercárias por hora até se registar uma elevada produção de cercárias entre as 12 e as 14 horas, com o pico mais elevado às 13 horas. A partir das quinze horas, verificou-se um declínio gradual no padrão de eliminação até às dezoito horas, altura em que as observações foram interrompidas. Notou-se que, apesar de as observações terem sido interrompidas nesta altura, alguns caracóis ainda estavam a libertar um número muito baixo de cercárias (Fig. 4.42).

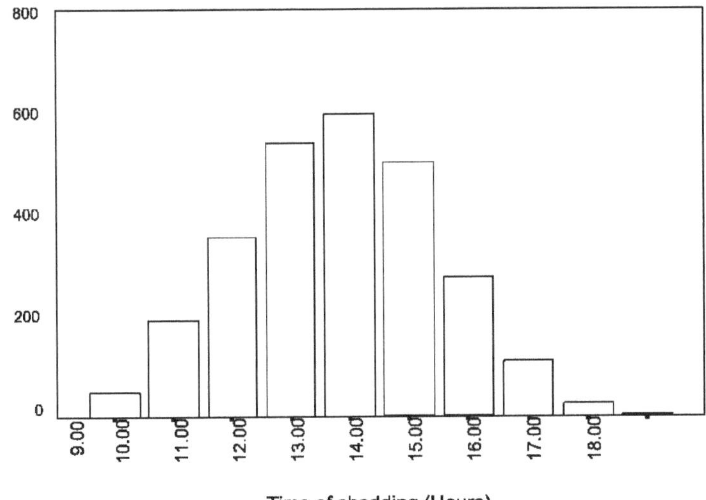

Figura 4.42: Padrão de libertação de cercárias por *Biomphalaria stanleyi* durante dez dias consecutivos de exposição no lago Albert

Padrão de desprendimento de *Biomphalaria sudanica*

No caso da *B. sudanica,* a eliminação de cercárias também começou às nove horas, mas com uma produção média de cercárias mais elevada. Por volta das onze horas da manhã, a eliminação tornou-se mais rápida e registaram-se números médios elevados de cercárias entre as onze e as catorze horas, com o pico mais elevado às treze horas. No entanto, a partir das catorze horas houve uma queda acentuada no padrão de excreção até às dezassete horas. Após este período, a eliminação de cercárias deteriorou-se tão rapidamente que, às dezoito horas, já tinha parado completamente (Fig. 4.43).

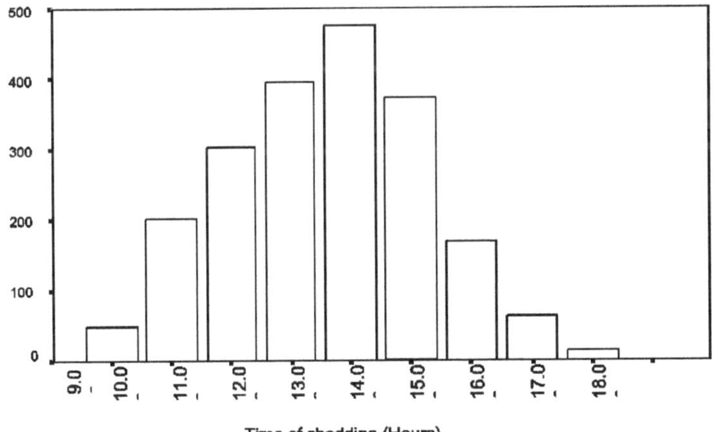

Figura 4.43: Padrão de libertação de Cercariae por Biomphalaria sudanica durante dez dias consecutivos de exposição no Lago Albert

CAPÍTULO 6

Debate geral Introdução

Duas espécies de *Biomphalaria*, nomeadamente *B. stanleyi* e *B. sudanica,* foram identificadas como hospedeiros intermediários de *Schistosoma mansoni* no Lago Albert. Este é o único lago do seu género no grande vale do Rift ocidental da África oriental onde *B. stanleyi* prospera e actua como hospedeiro intermediário de *S. mansoni* juntamente com *B. sudanica.* As duas espécies eram alopátricas em termos de distribuição, com diferentes preferências de habitat. *A B. sudanica ocorreu* em partes marginais pouco profundas do lago e *a B. stanleyi* ocorreu em águas profundas em alguns locais. A informação sobre a distribuição dos caracóis, a dinâmica da população e os padrões de transmissão da doença revelaram que tanto os caracóis como a infeção estavam restritos a alguns locais, sugerindo uma distribuição focal e padrões de transmissão no Lago Albert.

Foram estabelecidas taxas de infeção de 4,4% entre *B. stanleyi* e 3,5% entre *B. sudanica* com trematódeos humanos e a diferença nas taxas de infeção entre as duas espécies não foi significativa. A aldeia de Piida registou a taxa mais elevada de infeção com trematódeos humanos entre as duas espécies de caracóis. *Biomphalaria stanleyi demonstrou* ter uma ligeira vantagem sobre *B. sudanica* na transmissão de *S. mansoni* e na suscetibilidade contra a estirpe local da doença. Os principais factores ambientais e químicos que revelaram efeitos significativos na distribuição dos caracóis foram o nível do lago, a temperatura máxima do ar, a condutividade da água e a circulação do oxigénio no caso da *B. stanleyi* e a temperatura da água, a circulação do oxigénio e a temperatura máxima do ar no caso da B. *sudanica.*

O conhecimento das tendências, no campo e em laboratório, do crescimento, fecundidade e mortalidade dos caracóis constituiu uma parte essencial dos estudos ecológicos no Lago Albert. Utilizando informação derivada de curvas de crescimento traçadas para as duas espécies de Biomphalaria, demonstrou-se que os caracóis no ambiente natural tinham um período de crescimento suave e mais rápido do que os caracóis no laboratório. Este facto foi complementado por um período mais curto tanto da taxa intrínseca de crescimento natural como do tempo médio de geração. Este era um resultado esperado, uma vez que se pensava que os caracóis no ambiente natural viviam em condições óptimas durante a maior parte do tempo. Em condições laboratoriais, muitos factores que teriam contribuído para um melhor crescimento dos caracóis eram difíceis de simular e não há dúvida que isto deve ter contribuído para o crescimento lento, a fecundidade e a mortalidade acentuada.

Distribuição anual das espécies de *Biomphalaria*

No pico das estações secas, a maior parte dos locais da linha de costa secavam completamente ou ficavam reduzidos a lama mole coberta com camadas espessas de vegetação em decomposição. Foi durante estas alturas que se recolheram muitos caracóis mortos *(B. sudanica)* ao longo da linha de costa. Pensou-se que os caracóis sobreviventes nestes habitats procurariam micro nichos onde estivessem a viver até que a água voltasse. Os hospedeiros intermédios de águas profundas, pelo contrário, aumentaram em número durante as estações secas, quando o nível da água era baixo.

O aumento da densidade de *B. stanleyi* pode ter sido o resultado de um efeito indireto da luz no crescimento das plantas aquáticas (Babiker *et al.,* 1985). As condições eram então ideais para o desenvolvimento de *B. stanleyi.* Com a subida do nível do lago, os locais marginais foram inundados independentemente da precipitação local, o que pode ter reforçado o efeito dos níveis elevados do lago, proporcionando habitats grandes e extensos nos quais as populações de *B. sudanica* prosperaram. Simultaneamente, a maior profundidade da água sobre os locais lacustres era suscetível de reduzir a penetração da luz, afectando negativamente o crescimento das plantas de fundo, um processo agravado pela turvação das águas superficiais de entrada, resultante do escoamento das chuvas. Nestas condições, é provável que as plantas morressem ou tivessem um crescimento limitado, o que poderia ter afetado negativamente as populações de *B. stanleyi*, reduzindo os alimentos e os substratos adequados para a postura dos ovos.

Os resultados deste estudo mostraram que ambas as espécies de *Biomphalaria* ocorreram durante todo o ano, embora com densidades mensais variáveis. Desde o início destas investigações, a tendência da distribuição dos caracóis mostrou que a *B. stanleyi* tinha uma ligeira vantagem sobre a *B. sudanica* em termos de densidades durante o primeiro trimestre de cada ano e depois *a B. sudanica* ultrapassou a *B. stanleyi* em termos de densidades no final do ano, embora em densidades menores. A distribuição dos caracóis para cada espécie mostrou um padrão anual marcado, com pouca indicação dos efeitos da sazonalidade nas suas densidades. Os picos de densidade de cada espécie não foram registados na mesma altura. As densidades mais elevadas de *B. stanleyi* foram registadas durante o primeiro ano do estudo, enquanto que as de *B. sudanica* foram registadas durante o último ano do estudo.

Taxas de infeção de caracóis com tremátodes humanos e não humanos

Os caracóis infectados com trematódeos humanos e não humanos foram recolhidos em locais com actividades intensivas de contacto humano com a água, especialmente nos locais de desembarque de peixe. Os resultados obtidos com os caracóis naturalmente infectados indicaram que 4% dos *B. stanleyi* estavam infectados com tremátodos humanos e 3,6% estavam infectados com tremátodos não humanos. Com *B. sudanica* apenas 3,9% estavam infectados com trematódeos humanos e 5,0% estavam infectados com trematódeos não humanos. Verificou-se que, quando o nível do lago subiu e os locais marginais se encheram de água, foram recolhidos mais *B. sudanica* infectados do que *B. stanleyi*. Isto parece indicar que a transmissão da Schistosomíase por este caracol é mais sazonal do que a transmissão por *B. stanleyi*. Os caracóis infectados não foram encontrados durante todo o período de estudo mas foram encontrados num bom número de meses durante cada ano.

As infecções humanas por tremátodes ocorreram mais frequentemente entre *B. stanleyi* do que entre *B. sudanica*. Este facto sugere que *a B. stanleyi* era provavelmente mais importante na transmissão de doenças no lago Albert. Uma vez que a diferença nas taxas de infeção com tremátodes humanos entre as duas espécies não foi significativa, parece que as duas espécies desempenharam um papel complementar na transmissão da esquistossomose, dependendo das alterações sazonais.

No decurso deste estudo, observou-se que durante os períodos de níveis baixos do lago, as pessoas conseguiam sair das suas canoas nos locais de águas normalmente profundas onde *a B. stanleyi* se desenvolvia e realizavam as suas actividades a pé, especialmente a pesca, a natação e o banho. Passavam longas horas na água e era provável que fosse nessa altura que contaminavam estes locais com fezes infectadas e, consequentemente, transmitiam a infeção aos caracóis que se encontravam longe da linha da costa.

Verificou-se que os caracóis de locais que eram mais frequentados pelas pessoas para diferentes actividades apresentavam taxas de infeção mais elevadas do que aqueles que eram menos frequentados. Isto poderia ajudar a explicar as diferenças nas taxas de prevalência e nos níveis de intensidade da doença entre a população humana, de acordo com a idade e o sexo, observadas durante o estudo de Kabatereine (1999). Esta diferença pode ter sido causada pelas diferentes actividades de contacto com a água dos diferentes grupos etários e pela duração da exposição diária à infeção.

Foi demonstrado que os caracóis pertencentes ao grupo de tamanho grande sobreviveram mais tempo do que os caracóis dos restantes grupos. A capacidade deste grupo de caracóis para resistir a várias condições ambientais e para procurar alimento pode ser uma das razões pelas quais sobreviveram durante um período mais longo. Verificou-se também que o grupo de tamanho grande albergava mais infecções no ambiente natural e no laboratório. As razões para este facto devem ser investigadas em estudos futuros, uma vez que não puderam ser estabelecidas neste estudo.

Dinâmica da infeção entre as espécies de *Biomphalaria*

Os B. stanleyi infectados com cercárias humanas tendiam a aparecer mais quando o nível do lago estava baixo e diminuíam em número quando o nível do lago estava alto. O nível do lago não flutuou ao mesmo ritmo todos os anos e, embora tenha descido significativamente no início do estudo, não desceu tão acentuadamente no final do período de estudo. Por este motivo, verificou-se que apareceram mais caracóis infectados no início do estudo do que no final. Em vez disso, apareceram mais caracóis infectados com cercárias não humanas a meio do período de estudo e diminuíram acentuadamente no final. Parece que a descida do nível do lago teve uma influência positiva no aparecimento de caracóis infectados com cercárias não humanas.

Parecia também que, à medida que a densidade dos caracóis aumentava, havia mais probabilidades de encontrar caracóis infectados do que de outra forma. Os caracóis infectados com cercárias humanas, no caso de S. *stanleyi,* foram normalmente recolhidos durante o período de baixa pluviosidade local, mais especialmente no início de 2000 e no início e fim de 2001. No início de 2002 registou-se um aumento da precipitação local e apareceram muito poucos caracóis infectados. O aparecimento de caracóis infectados com cercárias não-humanas apresentou mais ou menos a mesma tendência.

A B. sudanica infetada com trematódeos humanos apareceu em maior número no final de 2002, quando o nível do lago era mais alto, do que em 2000, quando o nível do lago era mais baixo. As taxas elevadas de infeção entre as *B. sudanica*, por volta desta altura, estão relacionadas com as cheias que levaram a maioria das casas e as suas latrinas que tinham sido construídas perto das margens da água. Os caracóis infectados com cercárias não humanas apareceram com maior frequência, especialmente sempre que se verificava um aumento do nível do lago. Do mesmo modo, os números mais elevados de *B. sudanica* infectados com trematódeos não humanos também foram encontrados no fim de 2002, quando o nível do lago estava no seu ponto mais alto.

Existem provas de que a taxa de infeção dos caracóis sentinela (Christie e Upatham, 1977) e dos caracóis selvagens aumenta normalmente com o início das chuvas (Chandiwana, 1986). Este facto pode ser atribuído à lavagem das fezes depositadas nas margens dos rios e na linha costeira pelas chuvas. A distribuição dos caracóis infectados com cercárias não humanas seguiu a mesma tendência, mas com números bastante elevados durante o período de precipitação máxima em 2002.

Padrões de eliminação de cercárias das espécies de *Biomphalaria* e seu papel na transmissão da esquistossomose

O papel das diferentes espécies de *Biomphalaria* na transmissão da esquistossomose no Lago Albert foi investigado através de testes laboratoriais dos seus níveis de suscetibilidade à estirpe local do parasita. Os caracóis criados em laboratório de *cada* espécie de *Biomphalaria* foram expostos a níveis variáveis de miracídios eclodidos de amostras de fezes positivas obtidas na área de estudo. O padrão horário de excreção de cercárias dos caracóis naturalmente infectados foi também seguido durante dez dias consecutivos para cada espécie de caracol. O objetivo era obter uma ideia do potencial de contaminação de uma determinada espécie num local de transmissão. Pretendia-se também ter uma ideia dos picos prováveis de disseminação diária dos caracóis no ambiente natural do Lago Albert, de modo a poder relacioná-los com a prevalência e intensidade da doença na população humana.

Os padrões de excreção de cercárias dos caracóis naturalmente infectados mostraram que o período de pico foi entre as 12.00 e as 14.00 horas. Este facto pode ter algumas implicações no que diz respeito à educação sanitária como medida de controlo. As actividades de contacto com a água durante o dia poderiam provavelmente reduzir a transmissão da esquistossomose em áreas endémicas. As horas do fim da tarde parecem ser ideais para as pessoas entrarem em contacto com a água com riscos mínimos de serem infectadas.

Um exame da produção média de cercárias por espécie de caracol torna evidente que a *B. stanleyi* teve uma produção média mais elevada do que a *B. sudanica.* Isto sugere que esta espécie foi mais responsável pela contaminação do ambiente com cercárias e, por conseguinte, mais perigosa do que a sua congénere. Outro facto, que resultou deste estudo, foi que o período pré-patente da infeção foi muito mais baixo entre a *B. stanleyi* (18 dias) do que entre a *B. sudanica* (22 dias). Isto implicava que *a B. stanleyi* poderia ser mais suscetível à estirpe local do parasita do que a *B. sudanica.* Se esta constatação for conjugada com a sazonalidade da transmissão e com a produção média de cercárias por espécie de caracol, isto serve para provar que *o B. stanleyi* é um caracol muito mais importante na transmissão da Schistosomíase no Lago Albert.

No decurso deste estudo, observou-se que tanto os caracóis infectados naturalmente como os infectados em laboratório com *B. sudanica tinham tendência para se* libertarem da infeção à medida que envelheciam. Suspeitou-se que isto se poderia dever à morte do parasita como resultado da resposta imunitária dos caracóis.

A flutuação de ratinhos e de caracóis criados em laboratório em locais suspeitos de transmissão foi efectuada em diferentes estações do ano, a fim de se ter uma ideia da distribuição dos miracídios e das cercárias no habitat natural e também para avaliar os níveis de suscetibilidade dos caracóis e dos ratinhos à estirpe do parasita que ocorre na natureza. Para além das experiências acima referidas, foram efectuadas em laboratório infecções de ratos utilizando cercárias recuperadas dos caracóis naturalmente infectados. Estas experiências destinavam-se a avaliar os níveis de suscetibilidade dos hospedeiros definitivos à estirpe do parasita do Lago Albert e ao seu período pré-patente. O objetivo era também ajudar a identificar os verdadeiros Schistosomas que provavelmente estariam presentes neste ambiente natural.

Efeito dos factores ambientais na distribuição dos caracóis

Pensava-se que o aumento do nível da água reduzia a intensidade da luz que chegava ao fundo do lago, onde as *Vallisneria* eram abundantes e entre as quais se encontravam normalmente os caracóis de profundidade. Pensou-se que isto teria um efeito sobre a circulação do oxigénio e resultaria no apodrecimento das plantas. A partir das observações de campo verificou-se que, quando um tal fenómeno ocorria, era a altura em que se recolhia um elevado número de caracóis mortos *(B. sudanica)*. Naturalmente, quando o nível do lago estava baixo, a maior parte dos locais marginais onde *B. sudanica* prosperava secavam e grande parte da vegetação marginal, especialmente as gramíneas e os juncos, também morria. Os habitats tornaram-se muito restritos e as condições eram más para a *B. sudanica*. Só podia sobreviver em nichos protegidos ou por estivação. Foi nesta altura que as suas populações diminuíram drasticamente. Após um período de seca, o aumento do nível do lago demorou muito tempo a ter efeito nos sítios marginais de *B. sudanica*.

A partir das observações feitas, é provável que o nível do lago e a pluviosidade local possam ter interagido simultaneamente para afetar de forma diferente as populações de *B. sudanica* e *B. stanleyi*. Ao mesmo tempo, havia menos água sobre os locais do lago preferidos por *B. stanleyi*, caracterizados pelas plantas de raiz inferior que se desenvolvem devido a uma maior penetração da luz. O efeito da flutuação do nível do lago criou dois cenários no Lago Albert durante este período de estudo. No primeiro cenário, as densidades mais elevadas de *B. stanleyi* apareceram na primeira parte do estudo, quando o nível do lago era consideravelmente baixo. No segundo cenário, as densidades mais elevadas de *B. sudanica* foram registadas na última parte do estudo, com o aumento do nível do lago e da precipitação.

Verificou-se que o nível do lago permaneceu elevado mesmo quando a precipitação diminuiu, o que sugere que a precipitação local em Butiaba não influenciou o aumento do nível. Esta discrepância deveu-se, sem dúvida, ao facto do nível do lago refletir a precipitação em toda a bacia hidrográfica do Lago Alberto; do Uganda e da República do Congo ao longo do grande vale do Rift ocidental e da Tanzânia, Quénia e Uganda na bacia hidrográfica do Lago Vitória através do Nilo Alberto. Isto pode talvez explicar porque é que as espécies de caracóis de águas profundas foram abundantes durante todo o período, enquanto que as espécies da orla costeira quase não foram encontradas no pico da estação seca, quando os locais de amostragem secaram.

A precipitação local variava consideravelmente de mês para mês. Este facto é coerente com as trovoadas periódicas que, embora mais comuns em certas épocas do ano, tendem a dar origem a um padrão de precipitação algo variável e caótico. A precipitação local era geralmente mais baixa de janeiro a março e novamente em junho e julho. Chuvas fortes podiam cair, e caíram, em alguns meses durante o período destas observações. É pouco provável que a precipitação local tenha tido um grande efeito direto nas zonas lacustres *(B. stanleyi), bem como* nas zonas litorais *(B. sudanica)*, mas poderá ter tido um efeito nos habitats marginais *(B. sudanica)*, em conjunto com o nível do lago. A precipitação é um dos factores mais importantes que podem ter efeitos adversos na ecologia dos caracóis (O'Keefe, 1985b).

Nos habitats lênticos, a precipitação causará, normalmente, inundações e a subsequente lavagem das populações de caracóis, um fenómeno que pode ser referido como o "efeito de descarga". Nos habitats lóticos, o afluxo de água resultante da precipitação traz consigo numerosos materiais, incluindo nutrientes. Alguns destes materiais podem aumentar as populações de caracóis num curto espaço de tempo (O'Keefe, 1985b) mas outros podem poluir o ambiente matando os caracóis e outros seres aquáticos. Foi demonstrado num certo número de estudos que as populações de caracóis atingem normalmente densidades máximas no início e no fim das estações de chuva (Webbe, 1964).

As temperaturas máximas variaram um pouco mais de 4^D C, com uma amplitude entre $29,8^D$ C e $33,8^D$ C. As diferenças mensais nas temperaturas diurnas foram de cerca de 10^D C (Anexo 3). As temperaturas óptimas para a sobrevivência dos caracóis situam-se entre 25°C e 30°C. Temperaturas inferiores a 20°C podem abrandar o crescimento e a produção de ovos, mas provavelmente não a sobrevivência, enquanto que temperaturas superiores a 30°C podem afetar negativamente o crescimento, a fecundidade e a sobrevivência (Pfluger, 1980, 1981).

Foi registada uma ligeira diferença entre as temperaturas do ar e da água na área de estudo e ambas variaram entre 23°C - 27°C. De acordo com Kock (1973), esta parece ser a gama de temperaturas ideal para a proliferação das espécies de *Biomphalaria*. Os resultados dos factores ambientais que influenciam a distribuição dos caracóis mostraram que as temperaturas óptimas da água e do ar se encontravam entre os factores chave.

O efeito de factores químicos na distribuição dos caracóis

No Lago Albert, suspeitou-se que alguns factores químicos poderiam estar a contribuir para as flutuações das densidades de caracóis e das taxas de infeção dos caracóis, consoante os locais. A fim de estabelecer a interação entre alguns parâmetros químicos da água e a abundância de caracóis, foram efectuadas medições da circulação de oxigénio, pH, condutividade, temperaturas do ar e da água, e concentrações de magnésio e cálcio, durante as visitas mensais, em três pontos equidistantes em cada local. Isto tinha também como objetivo ajudar a prever a adequação de um habitat particular para a reprodução de caracóis (Webbe e Msangi, 1958; Webbe, 1962 b; Sturrock, 1974; Klumpp e Chu, 1977).

Para a formação da concha, os moluscos têm normalmente necessidades elevadas de cálcio e se os níveis externos de electrólitos forem baixos, os caracóis não serão capazes de manter o equilíbrio da água. Estudos efectuados em Porto Rico revelaram a ausência de caracóis quando os sólidos dissolvidos eram inferiores a 150mgl^{-1} (Condutividade ~ 220p.mho) (Harry *et al.*, 1957). Na Tanzânia os caracóis estavam ausentes quando a condutividade era inferior a 20pmho (McClelland e Jordan, 1962). Uma fauna de caracóis pobre na África do Sul foi associada a níveis baixos de cálcio e magnésio e pensou-se que estes tinham um efeito direto sobre a natalidade (Schutte e Frank, 1964; Harrison e Shiff, 1966; Harrison *et al.*, 1966, 1970).

Os resultados de muitos estudos de campo e de laboratório sugeriram que alguns iões orgânicos podem, por si só, influenciar a distribuição dos caracóis (Thomas, 1973; Thomas e Lough, 1974; Thomas *et al.*, 1974; Harrison e Rankin, 1978). Verificou-se também que uma salinidade elevada torna os habitats desfavoráveis à reprodução dos caracóis (Chaine e Malek, 1983). Verificou-se também que a salinidade afecta a capacidade de desenvolvimento dos embriões de caracóis (Beadle e Beadle, 1969).

Valores baixos de pH podem ter um efeito prejudicial direto nos caracóis, quando o muco nas superfícies expostas do corpo coagula muito rapidamente. Do mesmo modo, valores baixos de pH podem também causar a erosão da concha do caracol a longo prazo (Webbe, 1982). Verificou-se que valores elevados de pH eram acompanhados pela ausência de espécies de *Biomphalaria* em regiões florestais do Brasil, Suriname e Guiana (Van der Kuyp, 1961). Nestes países, estes valores elevados foram atribuídos ao ácido tânico libertado na água pelas folhas em decomposição. Os valores de pH registados no lago Albert variaram entre 6,6 e 10,7.

As populações de caracóis de Butiaba parecem não ter sido afectadas negativamente por variações nos valores de pH, visto que foram recolhidos números elevados de caracóis em locais com diferentes gamas de valores de pH. Este facto está de acordo com os resultados de Malek (1958). Sabe-se que o valor pH, por si só, não constitui um fator importante na distribuição dos caracóis, sendo simplesmente uma forma rápida de determinar os níveis de alcalinidade e de acidez da água. No entanto, Malek (1958) refere que os caracóis de água doce toleram uma vasta gama de pH de 6,0 - 9,0. El-Sheikh (1990), apresentou valores de pH de 7,05 - 8,34 para os caracóis *Bulinus* e *Biomphalaria*.

As duas medições de cálcio registadas no Lago Albert durante este estudo indicaram um intervalo de concentração de cálcio de 8,4mg/l - 56mg/l. Com base nas classificações de Williams (1970) dos níveis de cálcio, a água do Lago Albert seria considerada como água de dureza média a dura. Este nível de concentração de cálcio é bem tolerado pelos caracóis *Biomphalaria* (Shuttle & Frank, 1964). Uma gama de 31mg/l - 66mg/l de concentração de magnésio foi também registada duas vezes no Lago Albert. O magnésio é um elemento essencial requerido pela microflora, que constitui a maior parte da alimentação dos caracóis. Sabe-se que os caracóis de água doce preferem água com pequenas quantidades de magnésio, uma vez que concentrações mais elevadas inibiriam, até certo ponto, a postura dos ovos (Bernie, 1970). De acordo com Klumpp & Chu (1970), o valor de magnésio preferido por *B. pfeifferi* é de 15,1ppm embora a gama óptima seja de 5 - 20ppm.

Foi registada uma condutividade de 44 - 700pS/cm no Lago Albert. Brown (1994) registou valores de condutividade entre 40 - 600|j.S/cm. Os valores registados no Lago Albert parecem indicar que o total de sólidos dissolvidos na água é elevado. Na área de estudo de Butiaba foram recolhidos números elevados de caracóis em locais com uma gama de condutividade de 200-700|j.S/cm do que em locais com gamas mais baixas.

Os níveis de oxigénio dissolvido registados em Butiaba variaram entre 23mV e 168mV. Foi feita uma observação particular no sentido de que foram registados níveis mais baixos de oxigénio em muitos dos locais de amostragem cobertos por tapetes de *Eichomia* spp. Do mesmo modo, foram registadas elevadas taxas de mortalidade de caracóis nesses locais. Estes tapetes de *Eichomia* spp eram sazonais e apareciam no lago sempre que havia ventos fortes. Pensou-se que a elevada mortalidade dos caracóis resultava da depreciação do oxigénio e do subsequente apodrecimento das hidrófitas das quais muitos caracóis eram normalmente recolhidos. Até agora esta era a única evidência que mostrava que as baixas concentrações de oxigénio no Lago Albert eram susceptíveis de afetar as populações de caracóis em certas alturas do ano. Por outro lado, o oxigénio figurou de forma proeminente entre os factores que influenciaram a distribuição dos caracóis durante a nossa análise.

Tendências do crescimento, reprodução e mortalidade dos caracóis no campo e em laboratório

Foram construídas curvas de crescimento de campo e de laboratório a partir de dados obtidos em jaulas de campo e em tanques de laboratório para cada uma das espécies de *Biomphalaria* e comparadas entre os dois ambientes. Este foi considerado um método mais rápido e mais simples de comparar as taxas de crescimento dos caracóis do que a técnica de coorte de campo utilizada por Webbe e outros (1962a). Curvas de crescimento semelhantes foram construídas por Sturrock e outros colegas para *B. pfeifferi* (Sturrock, 1966; Meuleman, 1972 e Aram, 1973). No entanto, os resultados das suas curvas de crescimento não se enquadram com os tamanhos dos caracóis que obtiveram no campo, pois tinham recolhido muitos caracóis de tamanho grande em comparação com os muito poucos caracóis de tamanho pequeno.

No caso deste estudo, pensou-se desde o início que os resultados destas curvas de crescimento não seriam provavelmente suficientemente conclusivos no que diz respeito à aproximação efectiva da idade de cada caracol nas suas diferentes categorias de tamanho. Isto baseou-se no facto de que as curvas de crescimento se limitavam a descrever o crescimento semanal de grupos de tamanhos específicos. Para se poder determinar com alguma certeza a idade aproximada dos caracóis utilizando as curvas de crescimento, considerou-se necessário conhecer as medidas do diâmetro da concha dos caracóis de cada espécie aquando da eclosão.

Assim, foram montados tanques de incubação no laboratório para incubar massas de ovos recuperadas dos caracóis selvagens em alturas diferentes e foram medidos os diâmetros das conchas dos caracóis recém-eclodidos durante um mês. Em média estabeleceu-se que os caracóis *B. stanleyi recém* eclodidos no Lago Albert tinham um diâmetro de concha de 0,5 mm enquanto que os *B. sudanica* tinham um diâmetro de concha de 0,8 mm. Mesmo assim esta informação não nos pode ajudar a responder à questão de saber se podemos saber a idade aproximada de qualquer caracol particular, recolhido no ambiente natural, num determinado momento.

A informação obtida a partir do crescimento dos caracóis em gaiolas e em laboratório mostrou que os caracóis individuais cresceram a ritmos diferentes em ambas as espécies. Alguns caracóis tiveram aumentos mais rápidos do diâmetro da concha, enquanto que outros tiveram aumentos muito lentos. Contudo, foi feita uma tentativa de estimar a idade dos caracóis nas suas várias categorias de tamanho, baseando-se na relação não linear entre o tamanho e a idade. Considerando que o crescimento dos caracóis é suscetível de ser afetado por um certo número de factores intrínsecos e extrínsecos, a relação idade - tamanho foi determinada para cada espécie de caracol a partir de uma representação gráfica das estimativas de idade em quinzenas.

Foi demonstrado que os caracóis do meio natural atingiram a maturidade e começaram a produzir ovos durante a quarta quinzena. Os caracóis do ambiente natural, em ambas as espécies, mostraram um aumento de tamanho mais rápido e constante até ao momento em que atingiram o crescimento máximo por volta da décima quarta quinzena. medida que os caracóis amadureciam, a produção de ovos atingiu o nível da capacidade de carga a partir da décima quinzena.

Por outro lado, o crescimento dos caracóis no laboratório foi muito mais lento, especialmente no caso da *B. sudanica* e os caracóis nunca atingiram os níveis de diâmetro de concha dos caracóis no ambiente natural, no mesmo período. Foram necessários mais quinze dias para que os caracóis em laboratório atingissem a maturidade e começassem a produzir ovos. No final da décima quinta quinzena, não havia sinais de que os caracóis do laboratório tivessem atingido o nível da capacidade de carga na produção de ovos. Estas observações não podem deixar de sublinhar a importância e a necessidade de condições óptimas na ecologia dos caracóis para a manutenção do seu número.

A informação sobre a taxa líquida de reprodução dos caracóis dá uma ideia sobre a natureza da sobrevivência e da taxa de reprodução dos caracóis num determinado habitat, durante um dado intervalo de tempo. Um crescimento positivo da população de caracóis será indicado por um valor da taxa líquida de reprodução superior a um, mas se este valor for exatamente um ou inferior, isto indica que a população está estática ou não está a crescer. A taxa líquida de reprodução baseia-se principalmente em diferentes gerações sucessivas de caracóis e não é limitada no tempo. Isto significa que o tempo que passa de uma geração para outra não é constante, pois será ditado principalmente pelas condições ambientais prevalecentes num habitat. Por conseguinte, em estudos ecológicos de caracóis, é necessário ter cuidado quando se comparam os efeitos de diferentes parâmetros ambientais no crescimento (Shiff, 1964; Webbe, 1982).

A estimativa da sobrevivência dos caracóis nos habitats naturais pode ser bastante difícil se a sua estrutura etária não for conhecida. A idade dos caracóis só pode ser determinada através de medições do diâmetro da concha de uma grande amostra de caracóis. As medições médias do diâmetro da concha, efectuadas durante um determinado período, são depois utilizadas para traçar uma curva de crescimento, que nos ajudará a interpretar as medições em termos de idade. Este procedimento foi aplicado aos caracóis do Lago Albert, utilizando gaiolas no ambiente natural e tanques de água no laboratório de campo. Os resultados mostraram que os caracóis no habitat natural tinham um tempo médio de geração mais curto do que os caracóis no laboratório, em ambas as espécies.

Em laboratório, os caracóis demoraram mais tempo a atingir a maturidade e a iniciar a produção de ovos. Estes resultados concordam muito bem com os resultados de Sturrock (1973) e O'Keef (1985a, b). Estes resultados podem ser explicados pelo facto de as condições no ambiente natural serem mais propícias à proliferação de caracóis do que num ambiente laboratorial restrito. Existem muitos outros factores que devem ser tomados em consideração para explicar esta situação. A precipitação é um dos factores importantes pois trará da terra para o habitat dos caracóis nutrientes e substâncias químicas essenciais como o cálcio e o magnésio, que são vitais para o crescimento dos caracóis e para a formação da concha (Williams, 1970; Dussart, 1976; McKillop, 1985; McKillop e Harrison, 1972). As populações de caracóis são também controladas por variações nas temperaturas óptimas (Klumpp *et al.,* 1985).

No laboratório as condições existentes no ambiente natural são extremamente difíceis de simular e, por conseguinte, o crescimento dos caracóis é necessariamente reduzido. No laboratório de campo, no Lago Albert, é provável que a competição por espaço nos tanques de água e por alimento constitua um grande obstáculo ao crescimento dos caracóis. Observou-se que quando as condições se tornaram menos que óptimas, tanto no campo como no laboratório, houve uma grande mortalidade entre os caracóis, o que afectou grandemente a dinâmica da população. Por sua vez pensou-se que este facto tinha afetado a taxa intrínseca de crescimento natural de ambas as populações de caracóis, mas especialmente no laboratório.

A medida das flutuações da taxa intrínseca de crescimento natural ofereceu uma oportunidade de compreender o comportamento das populações de espécies de *Biomphalaria* no lago Albert em relação a várias condições ambientais durante o período do estudo. Os resultados globais relativos ao crescimento dos caracóis mostraram que os valores das taxas intrínsecas de crescimento natural eram bastante elevados para as duas espécies, tanto no campo como no laboratório. Isto indicou que as espécies de *Biomphalaria* no Lago Albert eram capazes de recuperar rapidamente de quaisquer condições desfavoráveis, num curto espaço de tempo, logo que as condições voltassem ao normal. Esta tendência da dinâmica populacional foi considerada vantajosa para a sobrevivência das espécies de caracóis no ambiente natural (Pesigan *et al.*, 1958b).

Nas iniciativas de controlo dos caracóis que utilizam produtos químicos, a informação sobre os parâmetros de crescimento dos caracóis é muito importante para avaliar o sucesso ou o fracasso das medidas de controlo. Uma taxa intrínseca elevada de crescimento natural, após um exercício de controlo, resultará numa rápida restauração das populações de caracóis, o que terá impactos negativos na redução ou controlo da população a curto prazo.

Por outro lado, o controlo ambiental dos caracóis através da modificação do habitat pode produzir resultados mais rápidos, alterando a ecologia dos caracóis. É provável que isto tenha um impacto mais prolongado, pois reduzirá a reprodução dos caracóis, afectando assim a taxa líquida de reprodução. Isto, por sua vez, afectará direta ou indiretamente a produção de novas gerações de caracóis nesse ambiente particular, estimulando ou aumentando a resistência do habitat à proliferação de caracóis.

Uma vez que a proliferação de caracóis é controlada para níveis baixos, a capacidade de carga do habitat será reduzida e, eventualmente, isto provocará uma diminuição das densidades totais de caracóis. Se este objetivo for atingido, verificar-se-á uma taxa de reprodução lenta e uma redução das taxas de sobrevivência dos caracóis afectados. É provável que isto venha a afetar as estruturas etárias das populações de caracóis entre os poucos caracóis sobreviventes, controlando-os assim.

A suscetibilidade dos hospedeiros intermédios e definitivos à estirpe local da doença

Embora seja difícil saber o número adequado de cercárias que poderia ser suficiente para manter a transmissão no ambiente natural, este estudo tentou utilizar diferentes concentrações de cercárias em ratos de laboratório para descobrir o seu efeito no período pré-patente da infeção. As concentrações de cercarias mais adequadas foram 30 por ratinho, o que permitiu obter o período pré-patente mais curto de cinco semanas. Com concentrações mais baixas de cercárias, os períodos pré-patentes foram mais longos. Concentrações de 50 cercárias ou mais por rato resultaram numa elevada mortalidade dos ratos antes dos períodos pré-patentes previstos.

Os testes de suscetibilidade dos caracóis mostraram que, com oito miracídios por caracol, o período pré-patente na *B. stanleyi* foi tão curto como 18 dias, enquanto que na *B. sudanica* foi de 22 dias. Concentrações mais elevadas de miracídios resultaram também numa mortalidade elevada dos caracóis antes dos períodos pré-patentes esperados.

Concentrações de dois miracídios resultaram em períodos mais longos de pré-patenteamento ou, na maioria dos casos, muitos caracóis não contraíram a infeção. Isto pode ter sido devido ao facto de o sistema imunitário dos caracóis ter destruído os poucos miracídios antes que estes se pudessem desenvolver em esporocistos, ou ao facto de os miracídios não terem penetrado no caracol dentro de trinta minutos. As observações feitas durante este estudo sobre o assunto acima mencionado estavam em total concordância com as observações feitas em estudos semelhantes noutros locais (Pesigan *et al.*, 1958; Chu *et al.*, 1966; Sturrock, B.M. e Sturrock, 1970; Mouahid e Combes, 1987).

Este estudo demonstrou, no entanto, que a B. *stanleyi* é altamente suscetível à estirpe local do parasita, com o período de pré-patente mais curto alguma vez registado numa situação semelhante. Mostrou também que *a B. sudanica* é razoavelmente suscetível ao parasita, embora com um período de pré-patente mais longo. Outra descoberta interessante é que a B. *stanleyi*, uma vez infetada, mantém a infeção durante toda a sua vida. No caso da B. *sudanica, observou-se* que alguns caracóis se desprenderam completamente da infeção num determinado momento da sua vida. Verificou-se que este fenómeno era mais comum entre os caracóis maiores, sugerindo, provavelmente, o desenvolvimento de imunidade contra a infeção com a idade. Isto constitui um ponto genuíno para a realização de mais estudos *sobre as* espécies de *Biomphalaria* no Lago Albert, para ajudar a estabelecer as possíveis razões para este fenómeno, uma vez que ele poderá ter implicações importantes no controlo dos caracóis.

Padrões diários de eliminação de cercárias em espécies *de Biomphalaria*

Os padrões de excreção dos caracóis naturalmente infectados revelaram alguns pontos interessantes no Lago Albert. Em ambas as espécies, a excreção começava normalmente no início do dia e atingia o pico mais alto entre as 12.00 e as 14.00 horas. O padrão de excreção diminuiu então muito rapidamente na B. *sudanica* e por volta das 18.00 horas tinha parado completamente. O padrão de excreção em B. *stanleyi* diminuiu lenta e regularmente após o período de pico e alguns caracóis ainda excretavam cercárias até às 18.00 horas, embora com densidades reduzidas de cercárias. Esta observação confirma um papel mais importante deste caracol na transmissão da doença no Lago Albert.

Esta constatação implica ainda que, mesmo durante as horas tardias da noite, as pessoas podem ser infectadas com cercárias lançadas por B. *stanleyi*. Este ponto pode também fornecer uma ideia sobre a manutenção de níveis elevados de prevalência e intensidade da doença entre as populações de Butiaba. Num estudo anterior de Kabatereine (2000), a prevalência da doença e a intensidade foram de 72% e 419,4 ovos/g de fezes, respetivamente. Embora estes dois parâmetros tenham diminuído moderadamente com a idade, foi demonstrado que os indivíduos ainda albergavam intensidades elevadas e que a infeção persistia a níveis elevados, especialmente entre os adultos.

Se as conclusões deste estudo forem comparadas com as actividades das pessoas em relação ao Lago Albert, pode ver-se que a persistência da infeção entre os adultos pode resultar de uma reinfeção prolongada durante as últimas horas do dia. Convém lembrar que, por volta das 18h00, no Lago Albert, a maioria dos adultos do sexo masculino entra na água para lançar as redes de pesca durante a noite. Só saem do lago no dia seguinte, antes das nove horas. A maior parte dos locais onde se encontra B. *stanleyi, ao* largo da costa, são também ricas zonas de pesca, onde os pescadores lançam as suas redes e, durante o processo, realizam outras actividades como tomar banho e defecar. Isto explica como é que os caracóis de águas profundas são infectados longe da linha da costa.

Também se observou nos estudos anteriores que as mulheres e as crianças intensificam os contactos com a água a partir das 9.00 horas da manhã, para fazerem os núcleos domésticos e para comprarem e limparem o peixe trazido pelos pescadores que passaram uma noite no lago. Estas actividades prosseguem até à altura dos picos de desfolhamento dos caracóis, quando as temperaturas no Lago Albert também atingem os níveis mais elevados. Nestas condições de calor, as pessoas são atraídas para tomarem banho ou nadarem no lago como forma de refrescarem os seus corpos, ficando assim infectadas com esquistossomose.

Espécies *de Biomphalaria* e macrófitas aquáticas

As observações efectuadas durante este estudo sobre a associação entre a presença de caracóis e macrófitas coincidem com as conclusões de Kabatereine (1999), segundo as quais, no Lago Albert, a presença de caracóis estava estreitamente associada às ervas aquáticas, especialmente *Vallisneria* e *Ceratophyllum*. É provável que o crescimento das plantas aquáticas tenha criado microhabitats adequados à sobrevivência dos caracóis, oferecendo-lhes esconderijos contra os efeitos adversos das ondas fortes e dos predadores.

Ao mesmo tempo, essas plantas ofereciam substratos adequados para a deposição da massa de ovos. Foi observado que, com o nível do lago baixo, era mais fácil chegar aos canteiros de *Vallisneria*, entre os quais se encontrava normalmente *B. stanleyi*. A fácil penetração da luz solar pode também ter atraído mais *B. stanleyi* para a superfície, o que facilitou a recolha desta espécie durante os períodos de baixo nível do lago.

Os hidrófitos dominantes em muitos dos locais de amostragem de caracóis ao longo da costa eram, de facto, *Vallisneria* e *Ceratophyllum*. Normalmente, foram recolhidos números elevados de *B. stanleyi* e das suas massas de ovos em locais com estas infestantes. *A B. sudanica* foi recolhida em locais dominados por canas e juncos, *Pistia* spp, bem como *Eichomia* spp e nenúfares *(Nymphaea capensis')*. A extensão do crescimento destas ervas daninhas num determinado local de amostragem de caracóis determinou a extensão da distribuição dos caracóis. Nos locais onde abundam outros tipos de plantas, não foram recolhidos caracóis ou, por vezes, foram recolhidos muito poucos caracóis, que parecem ter sido levados pelas ondas fortes frequentes ou pelos pescadores que limpam as suas redes e canoas.

Foi estabelecido noutros estudos sobre a ecologia dos caracóis que algumas macrófitas aquáticas têm uma correlação positiva com a distribuição e abundância dos caracóis e desempenham um papel significativo na proteção dos caracóis contra os predadores (Louda *et al.,* 1984; Bronmark, 1988; Lodge, 1986). Sabe-se também que protegem os caracóis contra as correntes de água elevadas (Gregg e Rose, 1985) e fornecem-lhes substratos para a postura de ovos. As macrófitas podem também permitir que os caracóis tenham acesso à interface ar-água (Thomas, 1987; Bronmark, 1989). A introdução de *Vallisneria* e *Ceratophyllum* nos tanques de laboratório em Butiaba melhorou grandemente as taxas de sobrevivência e de fecundidade dos caracóis, em comparação com os tanques de controlo sem estas plantas.

CAPÍTULO 7

Conclusões e recomendações

Este estudo demonstrou a existência de infecções naturais em *B. sudanica* com *S. mansoni*, contrariamente às conclusões de estudos anteriores (Brown, 1994; Prentice, 1972). Este caracol também demonstrou ser bastante suscetível à estirpe local do parasita, contrariamente às observações feitas por Purnell (1966) e Prentice (1970). Por outro lado, provou-se que o *B. stanleyi é* um caracol altamente suscetível à estirpe do parasita local e que é responsável pela maior parte da transmissão da doença no lago Albert.

A partir dos resultados das recolhas mensais de caracóis, conclui-se que *B. stanleyi* foi de longe a mais abundante das duas espécies. Este facto não é surpreendente, uma vez que esta espécie ocorre ao longo de todo o ano, embora em número variável consoante as estações do ano. Observou-se que *Biomphalaria sudanica* só ocorria em certas alturas do ano e dependia muito da estação. Isto provou que as mudanças sazonais têm um efeito na dinâmica populacional dos caracóis na área de estudo.

A subida do nível do lago teve uma influência negativa na abundância de *B. stanleyi*. *Pensa-se* que o aumento do nível da água reduziu a intensidade da luz que chegava ao fundo do lago, onde as *Vallisneria* eram abundantes e entre as quais os caracóis se encontravam normalmente. Pensou-se que isto tinha um efeito sobre a circulação do oxigénio e que resultava no apodrecimento das plantas. A partir das observações de campo verificou-se que, quando este fenómeno ocorria, era a altura em que se recolhia um grande número de caracóis mortos. A precipitação local não teve qualquer influência sobre a abundância de *B. stanleyi*.

Por outro lado, a abundância de *B. sudanica* foi grandemente influenciada pelo aumento da precipitação local e pelo nível do lago. Quando o nível do lago baixou, a maior parte dos sítios marginais onde *a B. sudanica* se reproduzia secaram. Foi nesta altura que as suas populações diminuíram drasticamente. Demorou muito tempo até que o aumento do nível do lago tivesse efeito sobre os sítios marginais de *B. sudanica*.

Os resultados obtidos com os caracóis naturalmente infectados indicaram que 4% dos *B. stanleyi* estavam infectados com cercárias humanas, em comparação com 3,9% para os *B. sudanica*. *Verificou-se* que quando o nível do lago subiu e os locais marginais se encheram de água, foram recolhidos mais *B. Sudanica infectados* do que *B. stanleyi*. Isto parece indicar que a transmissão da Schistosomíase por este caracol é mais sazonal do que a transmissão por *B. stanleyi*. No caso da *B. stanleyi, encontraram-se* caracóis infectados durante todo o ano, independentemente das mudanças sazonais. Este facto ajudou-nos a concluir que a *B. stanleyi* era mais importante para a transmissão da doença no Lago Albert. Até agora ficou provado que as duas espécies desempenham um papel complementar na transmissão da schistosomíase, dependendo das mudanças sazonais.

Foi demonstrado que os caracóis pertencentes ao grupo de tamanho grande sobrevivem mais tempo do que os caracóis dos restantes grupos. A capacidade deste grupo de caracóis para resistir a várias condições ambientais e para procurar alimento pode ser uma das razões pelas quais sobrevivem durante mais tempo. Verificou-se também que o grupo de tamanho grande alberga mais infecções no ambiente natural e no laboratório. As razões para este facto devem ser investigadas em estudos futuros.

A determinação da abundância absoluta de caracóis no Lago Albert utilizando a pinça de Van Veen revelou-se difícil durante os levantamentos de base. O método foi considerado destrutivo para os habitats e tinha o problema de não recolher os caracóis jovens. Também se registaram dificuldades na amostragem de caracóis em locais de águas profundas com a presença de plantas aquáticas. Embora em alguns casos, por exemplo em canais de irrigação e sistemas de drenagem, pântanos e lagoas de tamanho médio, se tenham obtido dados absolutos fiáveis durante um longo período de tempo, utilizando técnicas de exaustão direta, sem afetar o equilíbrio biológico do habitat (Pesigan *et al.*, 1958a; Shiff, 1964c; Sturrock, 1973a, 1975; Tanaka *et al.'*, 1978), tais métodos não seriam fisicamente possíveis numa grande massa de água como o Lago Albert.

Os padrões de disseminação de cercárias mostraram que o período de pico é entre as 12h00 e as 14h00. Este facto pode ter algumas implicações no que diz respeito à educação para a saúde como medida de controlo. As actividades de contacto com a água durante o dia poderiam provavelmente reduzir a transmissão da esquistossomose em zonas endémicas. As horas do fim da tarde parecem ser ideais para as pessoas entrarem em contacto com a água com riscos mínimos de serem infectadas.

Quando se analisa a produção média de cercárias por espécie de caracol, torna-se evidente que a *B. stanleyi* tem uma produção média mais elevada do que a *B. sudanica*. Isto sugere que esta espécie é mais responsável pela contaminação do meio ambiente com cercárias e, por conseguinte, mais perigosa do que a sua congénere.

Outro facto, que resultou deste estudo, é que o período pré-patente da infeção é muito mais baixo entre a *B. stanleyi* (18 dias) do que entre a *B. sudanica* (28 dias). Isto implica que *a B. stanleyi* poderia ser mais suscetível à estirpe local do parasita do que a *B. sudanica*. Se esta constatação for conjugada com a sazonalidade da transmissão e com a produção média de cercárias por espécie de caracol, isto serve para provar que *o B. stanleyi* é um caracol muito mais importante na transmissão da Schistosomíase no Lago Albert.

No decurso deste estudo, observou-se que tanto os caracóis infectados naturalmente como os infectados em laboratório com *B. sudanica* tinham tendência para se libertarem da infeção à medida que envelheciam. Embora suspeitássemos que isto poderia ser devido à resposta imunitária dos caracóis ao parasita, devem ser feitos mais estudos sobre este aspeto para se poderem estabelecer as verdadeiras razões.

As recolhas mensais de caracóis para cada espécie mostraram variações sazonais claras e os números máximos para cada espécie não foram encontrados ao mesmo tempo. Quando as colecções de caracóis foram consideradas separadamente nas suas várias categorias de tamanho, de acordo com os locais e as aldeias, obteve-se uma melhor imagem da variação sazonal da distribuição dos caracóis e das taxas de infeção para as duas espécies. Ambas as espécies foram recolhidas durante todo o período de estudo, mas com densidades médias diferentes. As recolhas médias mais elevadas de *B. stanleyi* foram registadas entre janeiro de 2000 e outubro do mesmo ano. O período de novembro de 2000 a julho de 2001 reflectiu um ligeiro declínio na recolha média de *B. stanleyi*, bem como o período de agosto de 2001 a dezembro de 2002.

A maior parte das infecções com cercárias humanas entre os *B. stanleyi* foram registadas entre fevereiro de 2000 e agosto de 2001. Seguiu-se um período em que os caracóis não estavam infectados ou estavam infectados muito pouco, até dezembro de 2002. As infecções com cercárias não humanas entre os *B. stanleyi* apareceram de fevereiro de 2000 a novembro do mesmo ano. Seguiu-se uma diminuição do número de caracóis infectados até dezembro de 2002.

O padrão de distribuição sazonal de *B. sudanica* foi o inverso do de *B. stanleyi*. De janeiro de 2000 a novembro do mesmo ano, registaram-se densidades médias baixas. De dezembro de 2000 a outubro de 2002, as densidades médias de *B. sudanica* aumentaram de forma constante durante esse período. Não se registaram infecções com cercárias humanas entre a *B. sudanica* de janeiro a agosto de 2000. A partir de setembro de 2000 e até agosto de 2002 começaram a aparecer muito poucos caracóis infectados. Seguiu-se um declínio constante da média de infecções até dezembro de 2002. As infecções com cercárias humanas e não humanas seguiram quase a mesma tendência durante todo o período de estudo, embora alguns meses tenham registado contagens negativas para cada tipo de cercária.

A distribuição das infecções humanas por trematódeos de acordo com a categoria de tamanho entre *B. stanleyi* mostrou uma média de 0,02 na primeira categoria e uma média de 0,30 na segunda categoria. A terceira categoria teve uma infeção média de 0,71. No que se refere às infecções não humanas, a categoria de tamanho um não registou qualquer infeção, enquanto a categoria de tamanho dois registou uma infeção média de 0,24 e a última categoria de tamanho registou uma infeção média de 0,60.

No caso de *B. sudanica,* não se registaram infecções humanas na primeira categoria de tamanho. Contudo, na segunda categoria de tamanho, uma média de 0,19 foi infetada com cercárias humanas. Na última categoria de tamanho, uma média de 0,14 estava infetada com cercárias humanas. No que se refere às infecções não humanas, o primeiro grupo de tamanho não teve infecções. Na segunda categoria de tamanho, verificou-se uma infeção média de 0,20, enquanto na terceira categoria de tamanho se registou uma infeção média de 0,26.

A distribuição de cada espécie de caracol de acordo com as aldeias mostrou que, no caso de *B. stanleyi,* a aldeia de Piida teve a coleção média mais elevada de 10,52, seguida da aldeia de Booma com uma coleção média de 9,29. A aldeia de Bugoigo ficou em terceiro lugar com uma coleção média de 6,50 e Walukuba foi a última com uma coleção média de 3,75. Ainda assim, a aldeia de Piida teve a maior média de infeção por *B. stanleyi* com cercárias humanas de 0,77 e a aldeia de Bugoigo teve a segunda média de infeção de 0,44. A aldeia de Walukuba teve uma infeção média de 0,10, enquanto a aldeia de Booma ficou em último lugar com uma média de 0,06. No que respeita às cercárias não humanas de *B. stanleyi,* a aldeia de Bugoigo registou a média mais elevada de 0,73. Seguiu-se a aldeia de Booma com uma média de 0,13. A aldeia de Piida ficou em terceiro lugar com uma média de 0,07 e a aldeia de Walukuba foi a última com uma média de apenas 0,06.

No que respeita à distribuição de *B. sudanica* de acordo com as aldeias, a aldeia de Piida continua a ter a média mais elevada de 5,75, seguida da aldeia de Bugoigo com uma média de 2,99. A aldeia de Booma foi a seguinte com uma média de 2,38 e Walukuba foi novamente a última com uma média de apenas 0,60. As infecções mais elevadas com cercárias humanas entre *B. sudanica* foram registadas na aldeia de Piida, com uma média de 0,28. Seguiu-se a aldeia de Bugoigo com uma média de 0,14. Booma foi a aldeia seguinte com uma média de 0,01 e Walukuba não teve quaisquer caracóis infectados durante todo o período de estudo. No que diz respeito às infecções não humanas entre os *B. sudanica,* mais uma vez a aldeia de Piida teve a média mais elevada de 0,28. Seguiu-se a aldeia de Bugoigo com uma média de 0,18. A aldeia de Booma teve uma média de 0,11 e Walukuba teve uma média de apenas 0,01.

A partir destes resultados, podemos agora concluir que a transmissão mais intensa da esquistossomose no Lago Albert ocorre a partir das aldeias Piida e Bugoigo. Ao mesmo tempo, são as aldeias mais infestadas com os hospedeiros intermediários. Uma vez que é nestas aldeias que se realiza a maior parte da pesca e de outras actividades comerciais, as pessoas de outras aldeias podem estar a adquirir a maior parte da infeção a partir daqui.

Os dados recolhidos sobre o crescimento dos caracóis procuraram compreender as alterações que ocorreram nos diferentes grupos etários das espécies de caracóis *Biomphalaria* no Lago Albert, em diferentes condições. Foram efectuadas diferentes experiências para recolher informações sobre o crescimento, a fecundidade e as taxas de mortalidade dos caracóis em ambiente natural e em laboratório, utilizando gaiolas de madeira e tanques de água.

As medições do diâmetro da concha dos caracóis neste estudo foram simplificadas através da utilização de caracóis com diâmetros de concha conhecidos, que tinham sido chocados e criados em laboratório. As tendências do crescimento, natalidade e mortalidade dos caracóis, no campo e no laboratório, foram monitorizadas semanalmente para facilitar a construção de curvas de crescimento. Os resultados das curvas de crescimento foram utilizados para comparar as taxas de crescimento dos caracóis em diferentes alturas do ano para as duas espécies de *Biomphalaria.*

O papel das diferentes espécies de *Biomphalaria* na transmissão da esquistossomose no Lago Albert foi investigado através de testes laboratoriais dos seus níveis de suscetibilidade à estirpe local do parasita. Os caracóis criados em laboratório de *cada* espécie de *Biomphalaria* foram expostos a níveis variáveis de miracídios eclodidos de amostras de fezes positivas obtidas na área de estudo. O padrão horário de excreção de cercárias dos caracóis naturalmente infectados foi também seguido durante dez dias consecutivos para cada espécie de caracol. O objetivo era obter uma ideia do potencial de contaminação de uma determinada espécie num local de transmissão. Também se pretendia ter uma ideia dos picos diários prováveis de disseminação dos caracóis no ambiente natural do Lago Albert, de modo a poder relacioná-los com a prevalência e intensidade da doença na população humana.

A flutuação de ratinhos e de caracóis criados em laboratório em locais suspeitos de transmissão foi efectuada em diferentes estações do ano, a fim de se ter uma ideia da distribuição dos miracídios e das cercárias no habitat natural e também para avaliar os níveis de suscetibilidade dos caracóis e dos ratinhos à estirpe do parasita que ocorre na natureza. Para além das experiências acima referidas, foram efectuadas em laboratório infecções de ratos utilizando cercárias recuperadas dos caracóis naturalmente infectados. Estas experiências destinavam-se a permitir-nos avaliar os níveis de suscetibilidade dos hospedeiros definitivos à estirpe do parasita do Lago Albert e ao seu período pré-patente. Também se destinavam a ajudar a identificar os verdadeiros Schistosomas que provavelmente estariam presentes neste ambiente natural.

A transmissão da doença no Lago Albert foi vista em termos dos locais de transmissão identificados e do momento em que as pessoas entram em contacto com a água infetada. Como foi amplamente discutido no capítulo 6, a informação recolhida durante este estudo sobre os padrões de transmissão da doença complementou os estudos realizados por Kabatereine (1999) sobre as actividades de contacto com a água que predispõem as pessoas à infeção.

Como uma das hipóteses antes do início deste estudo, pensava-se que todos os locais de transmissão identificados teriam taxas de infeção por caracóis semelhantes, mas não foi o que se verificou com os resultados do estudo. Foram demonstradas grandes variações nas taxas de infeção dos caracóis de local para local e de habitat para habitat, dependendo das espécies que se encontram no local.

Os caracóis dos locais que eram mais frequentados pelas pessoas tinham taxas de infeção mais elevadas do que aqueles que eram menos frequentados. Isto poderia ajudar a explicar as diferenças nas taxas de prevalência e nos níveis de intensidade da doença entre a população humana, de acordo com a idade e o sexo, observadas durante o estudo de Kabatereine. Esta diferença pode ter origem nas diferentes actividades de contacto com a água por parte dos diferentes grupos etários e na duração da exposição diária à infeção. A informação sobre a distribuição dos caracóis, a dinâmica da população e os padrões de transmissão da doença ajudaram-nos a compreender a magnitude do problema da doença na área de estudo. Os padrões de re-infeção entre a população podem agora ser rastreados com o conhecimento completo da ecologia das espécies de *Biomphalaria* envolvidas na transmissão da doença.

No caso do Lago Albert, dada a vastidão da massa de água com os seus variados locais de transmissão, incluindo os que se encontram nas profundezas do lago, não seria realista ou exequível sugerir qualquer medida viável de controlo dos caracóis utilizando moluscicidas. Dado o enorme impacto financeiro que isto implicaria, há também que considerar as implicações ambientais adversas neste ecossistema frágil, antes de se pensar na utilização de produtos químicos para controlar o que quer que seja neste local. É óbvio que os impactos negativos de tal sugestão ultrapassariam os impactos positivos, pelo que esta abordagem não pode ser recomendada. No entanto, recomendo vivamente estratégias de controlo alternativas que incluam o seguinte:

Quimioterapia em massa nas duas aldeias mais afectadas de Piida e Bugoigo, utilizando Praziquantel como medicamento de eleição nos primeiros seis meses, seguida de quimioterapia repetida ao fim de um ano. Posteriormente, poderá ser utilizada uma quimioterapia direccionada para os grupos de maior risco.

Nas outras aldeias menos afectadas, apenas a quimioterapia selectiva para as pessoas que, de tempos a tempos, são consideradas positivas para a infeção pode ser tratada nas unidades de saúde locais, onde os medicamentos necessários devem ser fornecidos pelo centro.

Campanhas vigorosas de educação sanitária através dos conselhos locais são objectivos realistas e exequíveis a todos os níveis da sociedade no Lago Albert. Estas campanhas devem dar grande ênfase ao saneamento e ao abastecimento alternativo de água potável.

Os conselhos locais, que felizmente são muito poderosos na região, deveriam ser convencidos a elaborar um regulamento simples, segundo o qual as comunidades deveriam instalar as suas casas longe da margem do lago e cada casa deveria ter uma latrina com fossa e utilizá-la. O problema da construção de latrinas de fossa no Lago Albert é bastante compreensível, uma vez que a natureza arenosa do solo não permite a escavação de fossas profundas. No entanto, são possíveis fossas pouco profundas situadas longe da margem do lago.

Como alternativa ao problema das latrinas de fossa, podem ser construídas latrinas VIP comunitárias em cada local de desembarque de peixe, a partir de recursos angariados pela comunidade para seu uso.

O governo local e o departamento de pescas do Ministério da Agricultura e Pescas deveriam construir locais de desembarque de peixe em betão em cada aldeia, onde todos os pescadores deveriam desembarcar as suas mercadorias e canoas para minimizar o contacto com a água infestada. Se tal for possível, deve ser aprovada uma lei que proíba o estabelecimento de quaisquer outros locais de desembarque de peixe na freguesia de Butiaba.

Uma outra alternativa viável para resolver o problema da dinâmica dos caracóis nos locais de desembarque de peixe poderia ser as autarquias locais pensarem em mudar periodicamente os locais de desembarque e fechar temporariamente aqueles que identificámos como sendo os locais de maior risco de transmissão. Isto reduziria a contaminação dos locais por parte da população e, esperemos, reduziria o contacto com a água infestada e, consequentemente, a transmissão.

Todos os pescadores adultos devem ser licenciados e as crianças em idade escolar não devem ser autorizadas a pescar, mas devem ser encorajadas a tirar partido do ensino primário universal gratuito e a ir à escola para minimizar o contacto com a água.

Poderiam ser iniciados projectos alternativos geradores de rendimentos através de cooperativas ou indivíduos para reduzir a dependência da pesca, que predispõe a comunidade à infeção por esquistossomose.

Agradecimentos

Estou grato ao Entomologista Principal da Divisão de Controlo de Vectores - Uganda por me permitir acesso ilimitado ao seu equipamento, gabinete e instalações laboratoriais. O papel desempenhado pelo Dr. Narcis B. Kabatereine ao ajudar-me a obter financiamento para este estudo é muito apreciado. Agradeço à Universidade de Makerere por ter supervisionado este trabalho e por ter prestado aconselhamento técnico. Gostaria de estender os meus agradecimentos aos meus assistentes de campo, Sr. Perezi Isingoma e Joseph Isingoma, pelo excelente trabalho efectuado. Este estudo recebeu apoio financeiro do Danish Bilharziasis Laboratory e da União Europeia.

Dedicação

Este livro é dedicado à minha mulher, Jane Kazibwe, e aos meus filhos: Immaculate Nannyonga, David Kyambadde e Johnson Mayega, que me apoiaram durante a minha investigação para o doutoramento que levou à publicação deste livro.

REFERÊNCIAS

Acha e Szyfres (1980). Brucelose. In: Zoonoses e doenças transmissíveis comuns ao homem e aos animais. Pp. 28-45.

Agrawal, M.C. e Sahasrabudhe, U.K. (1982). A note on natural heterologous schistosome infection in domestic animals. *Livestock Adviser,* 7. 58-59.

Babiker, A., Blannkspoor, H.D., Wassila, W., Fenwick, A. e Daffalla, A.A. (1985). Transmissão de *Schistosoma haematobium* em Gezira do Norte, Sudão. *Journal of Medicine and Hygiene,* 88, 65-73.

Baalawy, S.S. (1971). Some observations on the role of Lake Victoria in the transmission of *Schistosoma mansoni",* East African Medical Journal, 48, 385 - 388.

Barbosa, F.S. e Coimbra, J. CEA (1992). Abordagens alternativas no controlo da schistosomose. Memorias Do Instituto Oswaldo Cruz, 87, Supl. IV, 215-220.

Barbosa, F.S. (1987). Deslocamento competitivo de *Biomphalaria glabrata* por *Biomphalaria straminea.* Memorias Do Instituto Oswaldo Cruz, 80, Supl. IV, 139-141.

Basch, P.F. (1975). Uma interpretação das taxas de infeção por trematódeos de caracóis: Especificidade baseada na concordância de fenótipo compatível. *International Journal for Parasitology.* 5, 449- 452.

Barbosa, F.S. (1975). Controle da esquistossomose: uma perspetiva. *Brasília Médica*, 11, 923-1000.

Barbosa, F.S. (1973). Possível deslocamento competitivo e evidência de hibridação entre duas espécies brasileiras de caramujos planorbídeos. *Malacologia*, 14, 401-408.

Barbosa, F.S. (1968). *Um guia para a identificação dos caracóis hospedeiros intermediários da esquistossomose nas Américas.* OPAS, Washington DC, 122pp.

Basch, P.F. (1976). Especificidade de hospedeiros intermediários em *Schistosoma mansoni*. *Experimental Parasitology*. 39, 150-169.

Beauchamp, R.S.A. (1956). A condutividade eléctrica das cabeceiras do Nilo Branco. *Nature*, 178, 616-619.

Beadle, L.C. (1974). Os lagos Albert e Rudolf. In: Águas interiores da África Tropical: Uma introdução à Limnologia Tropical, pp. 138-141.

Bilharz, T.M. (1852). Feme Beobachtungun uber das die pfortader des Menschen bewohnende Distomum haematobium und sein verhaltniss zu gewissen pathologischen Bildungen aus brieflichen Mitheilungen an Professor v, Siebold vom 29 Marz 1852. *Zeitschrift fur Wissenschaftliche Zoologie, Leipzig* 4, 72-76.

Bradley, D.J., Sturrock, R.F. e Williams, P.N. (1967). The circumstantial epidemiology of *Schistosoma haematobium* in Lango District, Uganda, *East African Medical Journal*, 44, 193-204.

BrOnmark, C. (1989). Interacções entre epífitas, macrófitas e caracóis de água doce: uma revisão. *Journal of Molluscan Studies*, 55, 299-311.

BrOnmark, C. (1988). Efeitos da predação de vertebrados em gastrópodes de água doce: uma experiência de exposição. *Hydrobiologia*, 169, 363-370.

Brown, D.S. (1994). Freshwater snails of Africa and their medical importance (Caracóis de água doce de África e a sua importância médica). 2nd edition. Taylor and Francis, Londres.

Brown, D.S. (1980). *Freshwater snails ofAfrica and their Medical Importance (Caracóis de água doce de África e a sua importância médica).* Taylor and Francis Ltd, Londres, 486pp.

Brundy, D.A.P. (1984). Esquistossomose das Caraíbas. *Parasitology* 89, 377-406.

Campbell, G.C.S., Jones, A.E., Lockyer, S., Hughes, D., Brown, L.R., Noble e Rollinson, D. (2000). Molecular evidence supports an African affinity of the Neotropical freshwater gastropod, *Biomphalaria glabrata*, Say 1818, an intermediate host for *Schistosoma mansoni*. *Actas da Royal Society London Ser. B. Biol.* 267, 2351-2358.

Castellani, A. (1902). Observations on some cases of bilharzia in Uganda, *Annali di Medicina a Navale* 2, 354.

Cousin, C.E., Stirewalt, M.A. e Dorsey, C.H. (1981). Schistosoma *mansoni:* ultra-estrutura da transformação precoce de Schistosomules derivados da pele e da pressão de cisalhamento. *Experimental Parasitology*. 51, 341-365.

Cridland, C.C. (1957). Infeção experimental adicional de várias espécies de caracóis de água doce da África Oriental com *S. mansoni* e *S. haematobium*. *Journal of Tropical Medicine and Hygiene*, 60, 1823.

Cridland, C.C. (1955). A infeção experimental de várias espécies de caracóis africanos de água doce com *Schistosoma mansoni* e *S. haematobium*. *Journal of Tropical Medicine and Hygiene*, 58, 1-11.

Crompton, D.W.T. (1999). Qual a quantidade de helmintíase humana existente no mundo? *Journal of Parasitology*. 85, 397-403.

Chandiwana, S.K. (1986). Como é que os ovos de *Schistosoma mansoni* chegam às massas de água. *Transactions of the Royal Society of Tropical Medicine and Hygiene*, 80, 963-964.

Chemin, E. (1974). Alguns atributos de busca de hospedeiro de *Schistosoma mansoni* Miracidia. *Anais de Medicina Tropical e Higiene.* 23, 320-327.

Chemin, E. (1970). Respostas comportamentais de miracídios de *Schistosoma mansoni* e outros trematódeos a substâncias emitidas por caracóis. *Journal of Parasitology* 56, 287-296.

Chitsulo, L., Engels, D., Montresor, A. e Savioli, L. (2000). A situação global da esquistossomose e o seu controlo. *Ata Tropica,* 77, 41-51.

Chu, K.Y., Massoud, J. e Sabbaghian, H. (1966). Host-parasite relationship ot*Bulinus truncatus* and *Schistosoma haematobium* in Iran. Partes 1-4. *Boletim da Organização Mundial de Saúde,* 34, 113-133.

Davis, G.M. (1992). Evolution of prosobranch snails transmitting Asian *Schistosoma',* coevolution with *Schistosoma:* a review. *Progress in Clinical Parasitology.* 3, 145-204.

Davis, G.M. (1980). Snail hosts of Asian *Schistosoma* infecting man: evolution and coevolution. *Malacology Review* (Suppl. 2): 195-238.

Despres, L., Imbert-Establet, D. e Monnerot, M. (1993). A caraterização molecular do ADN mitocondrial fornece provas da recente introdução do *Schistosoma mansoni* na América. *Molecular Biochemistry and Parasitology.* 60, 221-230.

Doenhoff, M.J., Mussallam, R., Bain, J. e McGregor, A. (1978). Estudos sobre a relação hospedeiro-parasita em ratos infectados com *Schistosoma mansoni*: a dependência imunológica da excreção de ovos do parasita. *Immunology* 35, 771-778.

Dussart, G.B.J. (1976). The ecology of fresh water molluscs in North West England in relation to water chemistry. *The Journal of Molluscan Studies,* 42, 181-198.

El Khoby, T. (1994). Schistosomiasis control programmes in Egypt. *Memorias Do Instituto Oswaldo Cruz,* Vol. 90(2): 303-306.

Etges, F.J. e Decker, C.L. (1963). Chemosensitivity of the miracidium of *Schistosoma mansoni* to *Australorbis glabratus* and other snails. *Journal of Parasitology* 49, 114-116.

Ferguson, F. (1972). Biological control of schistosomiasis snails, In J. Miller Schistosomiasis: *Proceedings of a symposium on the Future of Schistosomiasis Control.* Universidade de Tulane, Louisiana, pp. 85-92.

Fisher, A.C. (1934). A study of the Schistosomiasis of the Stanleyville District of the Belgian Congo. *Transactions of the Royal Society of Tropical Medicine and Hygiene,* 28, 277-306.

Fournier, A., Pages, J.R., Tousassen, R. e Mouahid, A. (1989). Can tegumental morphology be used as a taxonomic criterion between *Schistosoma haematobium, S. intercalatum* and *S. bovisl Parasitology Research,* 75, 375-380.

Freitas, J.R., Resende, E.S., Junucaira, D.V., Costa, A.M. e Pellagrino, J. (1975). Cria^ao massa e vitro de crescimento da *Biomphalaria glabrata. Ciencia e Cultura* 27, 968-974.

Fripp, P.J. (1981). Isoenzimas de esterase não específicas de esquistossomas adultos do hipopótamo *(Hippopotamus amphibious').* *Ondersterpoort Journal of Veterinary Research,* 48, 257-263.

Fletcher, M., LoVerde, P.T. e Woodruff, D.S. (1981). Genetic variation in *Schistosoma mansoni'.* enzyme polymorphisms in populations from Africa, Southwest Asia, South America and the West Indies. *American Journal of Tropical Medicine and Hygiene.* 30, 406-421.

Gadgil, R.K. e Shah, S.N. (1952). Esquistossomose humana na Índia. Descoberta de um foco endémico no Estado de Bombaim. *Indian Journal of Medical Science,* 6, 760-763.

Gaitonde, B.B., Sathe, B.D., Mukerji, S., Sutar, N.K., Anthalye, R.P., Kotwal, V.P. e Renapurkar, D.M. (1981).

Studies on Schistosomiasis in village Gimvi of Maharashtra. *Indian Journal of Medical Research,* 74, 352-357.

Gregg, W.W. e Rose, F.L. (1985). Influências das macrófitas aquáticas na estrutura e microdistribuição da comunidade de invertebrados em riachos. *Hydrobiologia,* 128, 45-56.

Greer, G.J., Mimpfoundi, E.A., Malek, A., Joky, E.,Ngonseu e Ratard, R.C. (1990). Distribuição dos caracóis hospedeiros. *American Journal of Tropical Medicine and Hygiene.* 42, 573-580.

Grove, D.I. (1990). *Schistosoma mansoni* e Schistosomiasis mansoni. In: A history of human Helminthology, *Wellingford,* pp. 233-262.

Haas, W. e Schmidt, R. (1982). Characterization of Chemical stimuli for the penetration of *Schistosoma mansoni* Cercariae. 1. Substâncias eficazes, especificidade do hospedeiro. *Zeitschrift fur Parasitenkunde* 66, 293-307.

Hairston, G.N., Wurzinger, K.H. e Burch, J.B. (1975). Métodos não químicos de controlo dos caracóis. OMS/UBC/75. 873. OMS, Genebra, 30pp.

Hairston, G.N. (1973). A dinâmica da transmissão. In: Ansari, N. (ed.), *The Epidemiology and control of Schistosomiasis (Bilharziasis).* S. Karger, Basileia, pp. 250-353.

James, C., Webbe, G. e Preston, J.M. (1972). Uma comparação da suscetibilidade ao metrifonato de *Schistosoma haematobium* e *S. mansoni* em hamsters. *Annals of Tropical Medicine and Parasitology,* 66, 467-474.

Jobin, W.R. (1970). Dinâmica populacional dos caracóis aquáticos em três lagos agrícolas de Porto Rico. *American Journal of Tropical Medicine and Hygiene* 19, 1038-1048.

Jordan, P. e Webbe, G. (1982). Epidemiologia. Em: Jordan, P. e Webbe, G. (Eds), *Schistosomiasis, Epidemiology, Treatment and Control.* William Heinemann Medical Books, Londres, pp. 227-292.

Kirigia, J.M., Sambo, L.G. e Kainyu, L.H. (2000). Willingness-to-pay for schistosomiasis- related health outcomes in Kenya. *Jornal Africano de Ciências da Saúde,* 7, 55-67.

Kabatereine, N.B. (2000). *Schistosoma mansoni* numa comunidade piscatória nas margens do Lago Alberto em Butiaba. Uganda: epidemiologia, morbilidade, padrões de reinfeção e impacto do tratamento com Praziquantel. Tese de doutoramento não publicada, Universidade de Copenhaga.

Kabatereine, N.B., Vennervald, B.J., Ouma, J.H., Kemijumbi, J., Butterworth, A.E., Dunne, D.W. e Fulford, A.J.C. (1999). Adult resistance to *Schistosomiasis mansoni:* age-dependence of reinfection remains constant in communities with diverse exposure patterns. *Parasitology,* 118, 101105.

Kabatereine, N.B., Kemijumbi, J., Kazibwe, F. e Onapa, A.W. (1997). Parasitas intestinais humanos em crianças da escola primária em Kampala, Uganda. *Jornal Médico da África Oriental* 74, 311 - 314.

Katsaruda, F. (1904). *Schistosoma japonicum,* um novo parasita do homem que causa uma doença endémica em várias zonas do Japão. *Annotations Zoologicae Japonesis.* 5, 146-160.

Khalil, S.B. e Mansour, N.B. (1990). Estudos *in vivo* e *in vitro* sobre o desenvolvimento de vermes *Schistosoma haematobium* e *S. mansoni* em várias condições experimentais. Resumo apresentado na 39th Reunião Anual da Sociedade Americana de Medicina Tropical e Higiene. Nova Orleães, EUA.

Klumpp, R.K., Chu, K.Y. e Webbe, G. (1985). Observações sobre o crescimento e a dinâmica populacional de oiBulinus rohlfsi num laboratório ao ar livre no Lago Volta. *Anais de Medicina Tropical e Parasitologia,* 79, 635-642.

Kruger, F.J., Hamilton-Attwell, V.L. and Schutte, C.H.J. (1986a).Scanning electron microscopy of the teguments of males from five populations of *Schistosoma mattheei, Ondersterpoort Journal of Veterinary*

Research, 53, 109-110.

Kruger, F.J., Schutte, C.H.J., Visser, P.S. e Evans, A.C. (1986b). Phenotypic differences in *Schistosoma mattheei* ova from populations sympatric and allopatric to *S. haematobium. Ondersterpoort Journal of Veterinary Research,* 53, 103-107.

Le Roux, P.L. (1957). Report to the Federation of Rhodesia and Nyasaland on the control of parasitic diseases in livestock (Relatório para a Federação da Rodésia e Niassalândia sobre o controlo de doenças parasitárias no gado). Relatório da Organização das Nações Unidas para a Alimentação e a Agricultura, Reino Unido 696, 1, 1- 47.

Le Roux, P.L. (1955). Um novo esquistossoma de mamífero *(Schistosoma leiperi* sp. nov.) de herbívoro na Rodésia do Norte. *Transactions of the Royal Society of Tropical Medicine and Hygiene,* 49, 293-294.

Le Roux, P.L. (1933). A preliminary note *on Bilharzia margrebowiei, a* new parasite of ruminants and possibly man in Northern Rhodesia. *Journal of Helminthology,* 11, 53-62.

Lodge, D.M. (1986). Pastoreio seletivo do perifíton: um fator determinante da microdistribuição dos gastrópodes de água doce. *Fresh water Biology,* 16, 831-841.

Louda, S.M., McKaye, K.R., Kocher, J.D. e Stackhouse, C.J. (1984). Activity, dispersion and size *oiLanistes nyassanus* and *L. solidus* (Gastropoda: Ampullariidae) over the depth gradient at Cape Maclear, Lake Malawi, Africa. *The Veliger,* 26, 145-152.

Lugt, C.B. (1981). *As bagas de Phytolacca dodecandra como meio de controlar os caracóis transmissores de bilharziose.* Litho Printer, Addis Ababa, 61pp.

MacInnes, A.J., Bethel, W.H. e Comford, E.M. (1974). Identificação de produtos químicos de origem em caracóis que atraem miracídios *de Schistosoma mansoni. Nature (Londres)* 248, 361-363.

Madsen, H. (1992). Hospedeiros intermediários de esquistossomos: Ecologia e Controlo. *Boletim da Sociedade de Ecologia de Vectores,* 17 (1), 2-9.

Madsen, H. (1990). Métodos biológicos para o controlo de caracóis de água doce. *Parasitology Today,* 6, 237-241.

Madsen, H. (1982). Desenvolvimento de massas de ovos de caracóis recém-eclodidos de algumas espécies de hospedeiros intermediários da esquistossomose em condições aquáticas por *Helisoma duryi* (Wetherby) (Pulmonata: Planorbidae). *Malacologia* 22: 427-434.

Mandal-Barth, G. (1978). Documento não publicado da OMS Schisto/WP 78.5. *Organização Mundial de Saúde,* Genebra.

Mandal-Barth, G. (1958). Hospedeiros intermediários de *Schistosoma - Biomphalaria* e *Bulinus* africanos. *Série de Monografias sobre Saúde Mundial, n.° 37.*

Manson-Bahr, P.E.C. e Bell, D.R. (1987). *Manson's Tropical Diseases (Doenças Tropicais de Manson). Décima nona edição,* 1987. Bailliere Tindall. Londres, Filadélfia, Toronto, Sydney. Tóquio.

Malek, E.A. (1985). Caracóis hospedeiros da esquistossomose e outras doenças transmitidas por caracóis na América tropical: um manual. *Publicação Científica da Organização Pan-Americana da Saúde* No. 478. OPAS, Washington.

Majid, A.A., Bushara, H.O., Saad, A.M., Hussein, M.F., Taylor, M.G., Dargie, J.D., Marshall, T.F., de C. e Nelson, G.S. (1980). Observations on cattle schistosomiasis in the Sudan (Observações sobre a esquistossomose bovina no Sudão). 111. Teste de campo de uma vacina irradiada contra *Schistosoma bovis.* American Journal of Tropical Medicine and Hygiene 29, 452-455.

Meier-Brook, C. (1974). Um caracol hospedeiro intermediário de *Schistosoma mansoni* introduzido em Hong

Kong. *Boletim da Organização Mundial de Saúde* 15: 661.

Mouahid, A. e Combes, C. (1987). Variabilidade genética da produção de cercarias de *Schistosoma bovis* de acordo com a dose de miracídio. *Journal of Helminthology*, 61, 89-94.

Moloney, N.A. e Webbe, G. (1983). A relação hospedeiro-parasita de *Schistosoma japonicum* em ratos CBA. *Parasitologia* 87, 327-342.

Mott, K.E. (1987). *Plant molluscicides*. John Wiley & Son Ltd, Chichester, 326pp.

Mott, K.E. (1984). Schistosomiasis: a Primary Health Care approach. *Fórum Mundial da Saúde*, 5,221- 225.

Moriearty, P.L. e Lewert, R.M. (1974). Hipersensibilidade retardada na esquistossomose de Uganda. 11 Padrões epidemiológicos de respostas intradérmicas. *American Journal of Tropical Medicine and Hygiene*, 23 (2), 179-186.

Montgomery, R.E. (1906a). Observações sobre bilharzioses em animais na Índia. 1. *Journal of Tropical Veterinary Science*, 1, 14-46.

Montgomery, R.E. (1906b). Observations on bilharzioses among animals in India. 11. *Journal of Tropical Veterinary Science*, 1, 138-174.

Michelson, E.H. e Dubois, L. (1979). Interação competitiva entre dois caracóis hospedeiros de *Schistosoma mansoni'*. Estudos laboratoriais *em Biomphalaria glabrata* e *Biomphalaria straminea*. *Rev. Inst. Med. Armadilha*. São Paulo, 21, 246-253.

Miller, M. (1981). Parasitas do homem e artrópodes vectores de doenças em comunidades de um programa de desenvolvimento hídrico na bacia do rio Senegal. Relatório. Calgary, Alberta: Universidade de Calgary.

Mclaren, D.J. (1980). "Schistosoma mansoni: *A superfície do parasita em relação à imunidade do hospedeiro"*. John Wily, Chester.

McCullough, F.S. (1981). Biological control of snails intermediate hosts of human *Schistosomiasis* Spp: a review of its present status and future prospects. *Ata Tropica*, 30, 5-13.

McCullough, F.S. (1972). A distribuição de *Schistosoma mansoni* e *S. haematobium* na África Oriental. *Tropical and Geographical Medicine*, 24, p. 199-207.

McKillop, W.B. (1985). Distribuição de gastrópodes aquáticos ao longo do contacto dolomite Ordiviciano-granito pré-cambriano no sudeste de Manitoba, Canadá. *Canadian Journal of Zoology*, 63, 278-288.

McKillop, W.B. e Harrison, A.D. (1972). Distribuição de gastrópodes aquáticos através de uma interface entre o Escudo Canadiano e as formações calcárias. *Canadian Journal of Zoology*, 50, 1433-1455.

Nelson, G.S. (1958). Infeção por *S. mansoni* no distrito do Nilo Ocidental do Uganda. Parte 1 - A incidência da infeção por *S. mansoni*. Parte 11 - A distribuição de *S. mansoni* com uma nota sobre o vetor provável. *Jornal Médico da África Oriental* 35,311-335.

Olivier, L. e Barbosa, F.S. (1955b). Estudos sazonais sobre *Tropicorbis centimetralis* no Nordeste do Brasil. *Publicacoes Avulcas do Instituto Aggeu Magalhaes* 4. 105-115.

O'Keefe, J.H. (1985a). Biologia populacional do caracol de água doce *Bulinus globosus* na costa do Quénia. 1. Flutuações populacionais em relação ao clima. *Journal of Applied Ecology*, 22, 73-84.

O'Keefe, J.H. (1985b). Biologia populacional do caracol de água doce *Bulinus globosus* na costa do Quénia. 11. Efeitos da alimentação e da densidade nos parâmetros populacionais. *Journal of Applied Ecology*, 22, 85-90.

Ongom, V.L. & Bradley, D.J. (1972). A epidemiologia e as consequências da infeção por *S. mansoni* no Nilo

Ocidental, Uganda. Estudos de campo de uma comunidade em Panyagoro. *Transactions of the Royal Society of Tropical Medicine and Hygiene,* 66, 835 e 852.

Pao, T.C. (1959). Descrição de um novo esquistossoma *Schistosoma sinensium* sp. Nov. (Trematode: Schistosomatidae) da província de Szechuan. *Chinese Medical Journal,* Pequim, 78, 278-281.

Pages, J.R. e Theron, A. (1990). *Schistosoma intercalatum:* Alterações morfológicas e biométricas dos ovos em relação à localização no hospedeiro definitivo e com a origem geográfica do parasita (Camarões e Zaire). *Annales de Parasitologic Humaine et Comparee* 64,208216.

Paraense, W.L., and Correa, L.R. (1989) .Um potencial vetor de *Schistosoma mansoni* no Uruguai. *Memorias do Instituto Oswaldo Cruz,* 84, 281-288.

Paraense, W.L., e Correa, L.R. (1987). Provável extensão da *Schistosomiasis mansoni* para o extremo sul do Brasil. *Memorias do Instituto Oswaldo Cruz,* 82, 577.

Pesigan, T.P., Hairston, N.G., Jauregui, J.J., Garcia, E.G., Santos, B.C. e Besa, A.A. (1958b). Estudos sobre a infeção por *Schistosoma japonicum* nas Filipinas. 2. O hospedeiro molusco. *Boletim da Organização Mundial de Saúde* 18, 481-578.

Pilsbry, H.A. (1911). Moluscos não marinhos da Patagónia. Relatório da Expedição da Universidade de Princeton à Patagónia, pp. 1896-1899.

Pitchford, R.J. e Visser, P.S. (1981). *Schistosoma,* Weinland 1858 de *Hippopotamus amphibious,* Linnaeus, 1758 no Parque Nacional Kruger. *Ondestepoort Journal of Veterinary Research,* 48, 181-184.

Pitchford, R.J. (1977). Uma lista de verificação de hospedeiros definitivos que exibem provas do género *Schistosoma* Weinland, 1858 adquirido naturalmente em África e no Médio Oriente. *Journal of Helminthology*, 51, 229-252.

Pointier, J.P. e McCullough, F.S. 1989. Controlo biológico dos caracóis hospedeiros de *Schistosoma mansoni* na zona das Caraíbas utilizando Thiara Spp. *Ata Tropica* 46, 147-155.

Purnell, R.E. (1966). Relações hospedeiro-parasita na esquistossomose. I. The effect of temperature on the infection of *Biomphalaria tanganyicencis* with *Schistosoma mansoni* miracidia and of laboratory mice with *S. mansoni* cercariae. *Anais de Medicina Tropical e Parasitologia*, 60, 9093.

Prentice, M.A., Panesar, T.S. e Coles, G.C. (1970). Transmissão de *Schistosoma mansoni* numa grande massa de água. *Annals of Tropical Medicine and Parasitology*, 64, 339-348.

Prentice, M.A. (1972). Distribuição, Prevalência e Transmissão da Esquistossomose no Uganda. *Jornal Médico do Uganda*, 1972, 1, 136-140.

Pfltiger, W. (1981). Epidemiologia experimental da esquistossomose. II. Prepatência de *Schistosoma mansoni* em *Biomphalaria glabrata* a temperaturas diuturnamente flutuantes. *Zeitschrift fur Parasitologic*, 66, 221-229.

Pfltiger, W. (1980). Epidemiologia experimental da esquistossomose. I. O período pré-patente e a produção de cercarias de *Schistosoma mansoni* em *Biomphalaria glabrata* a várias temperaturas constantes. *Zeitschriftfur Parasitologie*, 63, 159-169.

Rao, M.A.N. e Ayyar, L.S.P. (1933). *Schistosoma suis* n. sp. A. schistosome found in pigs in Madras. *Indian Journal of Veterinary Sciences and Animal Husbandry*, 3, 321-324.

Ratard, R.C., Ndamkou, C.N., Kouemeni, L.C. e Ekani Bessala, M.M. (1991). Ovos de *Schistosoma mansoni* na urina. *Jornal de Medicina Tropical e Higiene*, 94, 348-351.

Rollinson, D. e Southgate, V.P. (1987). O género *Schistosoma:* Uma avaliação taxonómica. In: The biology of schistosomes. From genes to latrine. *Academic Press London*, pp. 1-49.

Ruffer, A. (1910). Observações sobre a história, a patologia e a anatomia das múmias egípcias. *Cairo Science Journal*, 1, 3-7.

Sambon, L.W. (1907). Observações sobre o *Schistosoma mansoni: Journal of Tropical Medicine and Hygiene*. 10. 303-304.

Southgate, V.P. e Knowles, R.J. (1977). Sobre *Schistosoma margrebowiei* Le Roux, 1933: a morfologia do ovo, miracídios e cercárias, a compatibilidade com espécies de *Bulinus* e o desenvolvimento em *Mesocricetus auratus*. *Zeitschrift fur Parasitenkunde*, 54, 233-250.

Southgate, V.P., Van Wyk, H.B. e Wright, C.A. (1976). Schistosomiasis at Loum, Cameroon, *Zeitschrift fur Parasitologie* 49, 145-159.

Southgate, V.P. e Knowles, R.J. (1975). The intermediate host of *Schistosoma bovis* in western Kenya. *Transactions of the Royal Society of Tropical Medicine and Hygiene* 69, 356-357.

Sulaiman, S.M., Hakim. M.S. e Amin, M.S. (1982). A localização do *Schistosoma haematobium* (estirpe Gezira, Sudão) em três hospedeiros animais experimentais. *Transacções da Sociedade Real de Medicina Tropical e Higiene* 76, 129-134.

Sihna, P.K. e Srivastava, H.D. (1960). Estudos sobre *Schistosoma incognitum* Chandler, 1926, 11. On the life history of a blood fluke. *Journal of Parasitology*, 46, 629-641.

Slobodkin, L.B. (1961). *The growth and Regulation of Animal Populations*, Holt, Rinehart, Winston, New York, pp.184.

Stirewalt, M.A. (1974). *Schistosoma mansoni* Cercaria to Schistosomula. *Avanços em Parasitologia,* 12, 115-182.

Shiff, C. J. e Kriel, R.L. (1970). Um produto solúvel em água de *Bulinus (Physopsis) globosus* atrativo para os miracídios de *Schistosoma haematobium. Journal of Parasitology* 56, 281-286.

Shiff, C. J. (1964). Estudos sobre *Bulinus (Physopsis) globosus* na Rodésia. A influência da temperatura na taxa intrínseca de aumento natural. *Annals of Tropical Medicine and Parasitology,* 58, 94-105.

Sturrock, R.F. (1995). Conceitos atuais de controle de caramujos. *Memorias Do Instituto Oswaldo Cruz,* Rio de Janeiro. Vol. 90 (2), 241-248.

Sturrock, R.F., Cottrell, B.J., Mahmoud, A.A.F., Chedid, L. e Kimani, R. (1985). Tentativas de induzir resistência a *Schistosoma mansoni* e *S. haematobium* em babuínos do Quénia *(Papio anubis)* utilizando imunoestimulantes não específicos. *Parasitology,* 90, 101-110.

Sturrock, R.F. (1973b). Estudos de campo sobre a transmissão do *Schistosoma mansoni* e sobre a bionomia do seu hospedeiro intermediário. *Biomphalaria glabrata,* em Santa Lúcia. Índias Ocidentais. *International Journal of Parasitology* 3, 175-194.

Sturrock, R.F. e Upatham, E.S. (1973). Uma investigação das interacções de alguns factores que influenciam a infecciosidade dos miracídios de *Schistosoma mansoni* para *Biomphalaria glabrata. International Journal of Parasitology,* 3, 35-41.

Sturrock, R.F. e Sturrock, B.M. (1970). Observações sobre alguns factores que afectam a taxa de crescimento e a fecundidade de *Biomphalaria* glabrata (Say). *Annals of Tropical Medicine and Parasitology* 64, 349-355.

Sturrock, B.M. e Sturrock, R.F. (1970). Laboratory studies of the host-parasite relationship of *Schistosoma mansoni* and *Biomphalaria glabrata* from St. Índias Ocidentais. *Anais de Medicina Tropical e Parasitologia.* 64, 357-363.

Teesdale, C.H. (1982). *Biomphalaria angulosa* Mandahl-Barth como hospedeiro intermediário de *Schistosoma mansoni* no Malawi. *Anais de Medicina Tropical e Parasitologia* 76, 373.

Thomas, J.D. (1987). Uma avaliação das interacções entre caracóis puhnonatos de água doce hospedeiros de esquistossomas humanos e macrófitas. *Philosophical Transactions of the Royal Society of London,* B315, 75-125.

Upatham, E.S. (1970). Bionomics of miracidia of *Schistosoma mansoni.* Tese de doutoramento não publicada, Universidade de Michigan, 187pp.

Upatham, E.S. e Sturrock, R.F. (1973a). Field investigations of the effect of other aquatic animals on the infection of *Biomphalaria glabrata* by *Schistosoma mansoni* miracidia. *Journal of Parasitology,* 59, 448-453.

Upatham, E.S. (1973). Location ofBiomphalaria *glabrata* (Say) by *Schistosoma mansoni* Sambon miracidia in natural standing and running water on the West Indian island of St. *International Journal of Parasitology,* 3, 289-297.

Upatham, E.S. (1972). Rapidez e duração da eclosão dos ovos de *Schistosoma mansoni* em habitats exteriores. *Journal of Helminthology* 46, 271-276.

Vercruysse, J., Fransen, J., Southgate, V.R. e Rollinson, D. (1984). Patologia da infeção por *Schistosoma curassoni* em ovinos e caprinos no Senegal. *Journal of Natural History,* 18, 969-976.

Vermund, S.H., Bradley, D.J. e Ruiz-Tiben, E. (1983). Survival of *Schistosoma mansoni* in the human host: estimates from a community-based prospective study in Puerto Rico. *American Journal of Tropical Medicine and Hygiene.* 32: 1040-1048.

Voge, M., Bruckner, D. e Bruce, J.I. (1978). *Schistosoma mekongi* sp.n. do homem e dos animais em comparação com quatro estirpes geográficas de *Schistosoma japonicum*. *Journal of Parasitology* 64, 577-584.

Warren, K.S. (1973). A patologia das infecções por *Schistosoma*. *Helminthological abstracts,* 42, 591-633.

Warren, K.S. (1973). Regulamentos da prevalência e intensidade da esquistossomose no homem: imunologia ou ecologia? *Journal of Infectious Diseases,* 127, 595-603.

Webbe, G. (1982). Os hospedeiros intermediários e as relações hospedeiro-parasita. In: Jordan, P. e Webbe, G. (Eds), *Schistosomiasis, Epidemiology Treatment and Control.* William Heinmann Medical Books Ltd, Londres, pp. 16-49.

Webbe, G. (1964). Biology of intermediate hosts of schistosomiasis with particular reference to control of transmission. *Anais de Medicina Tropical e Parasitologia,* 58, 228-233.

Webbe, G. (1962a). A transmissão de *Schistosoma haematobium* numa área da Província do Lago. Tanganica. *Boletim da Organização Mundial de Saúde* 27, 59-85.

Webbe, G. (1962). Estudos populacionais em hospedeiros intermediários em relação à transmissão da bilharziose na África Oriental. Em *"Bilharziasis".* Simpósio da Fundação Ciba" (p.7). London: Churchill.

Webbe, G. e Msangi, A. S. (1958). Observações sobre três espécies de *Bulinus* na costa oriental de África. *Annals of Tropical Medicine and Parasitology,* 52, 302-314.

Wilson, R.A. e Lawson, J.R. (1980). An examination of the skin phase of the Schistosome migration using a hamster cheek pouch preparation. *Parasitology,* 80, 257-266.

Williams, N.V. (1970). Estudos sobre caracóis pulmonados aquáticos na África Central. II. Investigação experimental dos padrões de distribuição no terreno. *Malacologia,* 10, 165-180.

Woodruff, D.S., Mulvey, M. e Yipp, M.W. (1985). The continued introduction of intermediate host snails of *Schistosoma mansoni* into Hong Kong. *Bulletin of the World Health Organization* 63, 621-622.

Organização Mundial de Saúde. (1985). *Relatório de um Comité de Peritos da OMS: The control of Schistosomiasis.* Relatório Técnico Série No.728. *Organização Mundial de Saúde,* Genebra.

Organização Mundial de Saúde. (1993). *O controlo da Schistosomíase. Segundo relatório do Comité de Peritos da OMS.* Série de Relatórios Técnicos n° 830. *Organização Mundial de Saúde,* Genebra, pp. 186.

Wheater, P.R. e Wilson, R.A. (1979). *Schistosoma mansoni:* um estudo histológico da migração no rato de laboratório. *Parasitology* 79, 49-62.

Wright, C.A. e Ross, G.C. (1980). Híbridos entre *Schistosoma haematobium* e *S. mattheei* e sua identificação por focalização isoeléctrica de enzimas. *Transactions of the Royal Society of Tropical Medicine and Hygiene,* 74, 326-332.

Wright, C.A. (1976). Schistosomiasis in the Nile Basin. In: The Nile, biology of the ancient river, *Dr. W. JunkB. V. Publishers, Haia,* pp. 321-324.

Wright, C.A., Southgate, V.R., Van Wyk, J.A. e Moore, P.J. (1974). Híbridos entre *Schistosoma haematobium* e *S. intercalatum* nos Camarões. *Transactions of the Royal Society of Tropical Medicine and Hygiene,* 68, 413-414.

Wright, C.A., Southgate, V.R. e Knowles, R.J. (1972). O que é *Schistosoma intercalatum! Transactions of the Royal Society of Tropical Medicine and Hygiene* 66, 28-64.

Perfil do autor

O Dr. Francis Kazibwe (PhD) é Professor Associado de Saúde Pública na Bishop Universidade de Stuart, Uganda. Tem estado envolvido em investigação operacional sobre Doenças Transmitidas por Vectores e sobre o papel da biodiversidade na determinação da endemicidade destas doenças no país. Acumulou conhecimentos sobre a dinâmica ecológica dos vectores de doenças e realizou muitas consultorias para a comunidade empresarial e instituições de investigação internacionais. Foi responsável pela recolha de dados de base parasitológicos, socioeconómicos e demográficos para o Programa de Controlo das Doenças Tropicais Negligenciadas no Uganda e participou no planeamento, monitorização e avaliação de muitos projectos de controlo de doenças.